AI共生指南

技术探索与人文思考

林 亦————著

人民邮电出版社

北 京

图书在版编目（CIP）数据

AI 共生指南：技术探索与人文思考 / 林亦著. 北京：人民邮电出版社，2025. -- ISBN 978-7-115-57567-8

Ⅰ. TP18-62

中国国家版本馆 CIP 数据核字第 2025SG0917 号

内 容 提 要

　　AI 的发展已经跨越多个重要阶段，且应用形态仍在不断演变。本书综合了作者及其团队近年来围绕 AI 实现的项目，展开关于人工智能与人的关系的探讨。从自然语言处理、计算机视觉、强化学习等基础技术入手，讲述其原理、应用及未来展望；接着呈现 AI 在数学竞赛、股市、游戏等多个领域的实践案例及面临的问题；还深入思考了 AI 与人类发展、航天的关系，以及游戏产业、苹果智能生态等内容；最后通过 AI 竞技场与大赛相关情况，探讨在技术与人性交汇处人类如何更好地与 AI 共存。

　　本书适合对人工智能技术感兴趣的技术爱好者，以及其他关注未来科技发展的读者阅读。

　◆　著　　　　 林 亦
　　　责任编辑　郭泳泽
　　　责任印制　王 郁　焦志炜
　◆　人民邮电出版社出版发行　　北京市丰台区成寿寺路 11 号
　　　邮编　100164　　电子邮件　315@ptpress.com.cn
　　　网址　https://www.ptpress.com.cn
　　　北京九天鸿程印刷有限责任公司印刷
　◆　开本：880×1230　1/32
　　　印张：6.875　　　　　　　　 2025 年 8 月第 1 版
　　　字数：157 千字　　　　　　 2025 年 8 月北京第 1 次印刷

定价：69.80 元
读者服务热线：(010)81055410　印装质量热线：(010)81055316
反盗版热线：(010)81055315

序

当我第一次在镜头前介绍人工智能技术时，从未想过这会成为一段漫长而精彩的旅程。从最初几个解读视频的发布，到如今这本汇集了我与同事和朋友们思考与实践的书出版上市，这几年间，人工智能（artificial intelligence, AI）技术的发展速度远超我们的想象，而我们也有幸成为这场技术革命的见证者与参与者。

这本书源于我近几年来在视频平台上的创作，而我们在创作视频背后所做的技术探索恰好跨越了 AI 发展的多个重要阶段。从计算机视觉技术识别游戏中的人物关节，到强化学习算法使 AI 自主通关格斗游戏，再到大语言模型带来的交互革命——我们的实践不仅记录了技术的迭代，更见证了 AI 应用形态的演变。无论是在 ChatGPT 爆火前构建的项目，还是在大模型时代的新尝试，都以具体实践展示了 AI 能力的边界与可能性。

本书并非严格意义上的技术教程，而是一次关于人工智能与人类关系的对话。我试图通过 10 章的篇幅，从不同角度展现 AI 技术的魅力与挑战。从基础的自然语言处理和计算机视觉，到前沿的大语言模型应用；从对苹果智能生态的分析，到对"有效加速主义"的思考；从 AI 在游戏中的运用，到人工智能对数学竞赛的挑战……希望这些有趣的内容，能为读者打开一扇了解 AI 世界的窗口。

我们致力于让这本书可以穿越技术的演进周期。当 DeepSeek 引发轰动时，我们能看到它正是接续着强化学习的技术脉络；当新一代大语言模型出现时，我们已有的评估与应用 AI 的方法论基础也依然有效。这种跨越特定技术产品的视角和思考不会随着 AI 产品的更替而失去参考价值。同时，本书不仅讲述技术本身，更关注技术背后的人文思考。当我让 AI 在格斗游戏中挑战高难度对手时，思考的是机器学习如何从失败中成长；当我与几千名观众共同操控游戏中的一辆车时，探索的是群体智慧如何在混沌中涌现；当我与 GPT-4 合作编写代码时，感受的是人机协作带来的创造力爆发。这些项目不仅是技术实验，更是对未来人机关系的一次次预演。

本书并不会渲染 AI 的"可怕"或神秘。相反，我希望通过亲身实践和通俗介绍，让读者看到 AI 既有惊人能力，也有明确边界。它可能在某些领域超越人类，但在许多方面仍需人类引导。了解了这些特性，我们才能更好地与 AI 共存，并充分发挥它的潜力。

人工智能领域的知识更新极快，今天的前沿消息，明天可能就会成为常识。因此，本书并不追求面面俱到，而是着重呈现思考与解决问题的方法和思路。技术细节会随时间推移而变化，但思考方式和实践态度却能长久陪伴我们。无论未来涌现出何种新技术，这些基础认知和方法论都将帮助我们更好地理解和应用它们。

特别要感谢所有支持我视频创作的观众，正是各位的鼓励和反馈让这本书成为可能。感谢在各个项目中给予帮助的同事和朋友，从个人耕耘到团队化发展，我们一起做出了越来越有趣、越来越复杂的精彩项目。感谢编辑团队对书稿的精心打磨，让我的思路能够更加清晰地呈现。

最后，我相信 AI 技术的发展将为我们带来前所未有的机遇和挑战。在这个变革的时代，保持好奇心与实践精神尤为重要。希望本书能激发您对 AI 的兴趣。无论您是技术爱好者，还是对未来科技发展感兴趣的技术小白，我们都希望您能在阅读本书后，对 AI 有更深入的理解，并找到属于自己的思考角度。

技术在飞速发展，而我们共同的人性价值却始终如一。让我们怀着敬畏之心探索未知，以创造之力塑造未来！

林 亦

2025 年 3 月

人物介绍

林亦，本书作者。

晓白，林亦的朋友。

目录

## 第 1 章

AI 如何"说人话":

自然语言处理入门

接下来是图书 10 万本……

AI 是从大量语料中学会与人对话的。

一台冰冷的计算机能够用自然流畅的语言与你对话，不仅能回答你的问题，还能理解你的情感、参与你的讨论，甚至创作诗歌或撰写文章——这听起来像是科幻小说中的场景，但如今，这样的技术已经逐渐走入我们的生活。这一切的背后，来源于 AI 在自然语言处理领域取得的巨大突破。

然而，让机器学会"说话"并不是一件容易的事。人类的语言复杂而多变，充满了模糊性和文化背景的影响。为了让计算机能够理解、生成并灵活运用语言，科学家们需要从最基础的数学和算法出发，逐步构建起一套复杂的系统。这一过程涉及机器学习、神经网络、自然语言处理等前沿技术，同时也伴随着无数挑战与创新。

相比于本书其他章，本章篇幅更长，涉及的术语也更多。如果阅读起来觉得吃力，也可以先跳过本章。不过，我会尽量将问题讲得简单些，先带领读者从机器学习的基础概念出发，探索神经网络如何模拟人脑的工作机制；接着深入自然语言处理的世界，了解文本分词、编码和向量化等关键技术；最后，我们将揭示大模型是如何学会生成自然语言的。

机器学习：一切的开始

其实，机器学习是个非常庞杂的概念，很多事都可以算到这个领域里来，像预测电影票房、识别人脸、让计算机去自动打游戏，这都属于机器学习。本章之所以专注在语言这个任务上，为的是让大家更深入地了解大语言模型这些横空出世的人工智能技术。因此，介绍各种技术概念的时候，我都会往语言这个方面去靠。

监督学习和非监督学习

在语言分析和语言生成这个视角下，机器学习是什么呢？首先，咱们回过头想想当年学英语时背单词的过程。对于不认识单词的我们来说，单词表左边是意义不明的字母组合，右边是看懂的中文解释。我们要做的就是记住这些字母组合和它们的含义，通过将陌生词汇与它们的含义对照，我们就逐步把对新语言的认知建立起来了。这个过程就可以称为监督学习。**监督学习的主要特征是用到了大量标记数据，也就是说，需要学习的内容都通过学习者能够理解的方式做了标记。**于是学习者才能够把未知信息与已知信息一一对应起来，建立它们的关系，然后再往陌生的、更复杂的情况去推导。比如我们知道 time 是时间，fly 是飞行，那当我们看到 time flies very fast 这种高级的、没见过的用法时，就可以推广，分析出它的含义是"时光荏苒"。这是一个尝试用有限的知识解决无限的问题的过程。

除了这种监督学习，还有另一种情况：我们可能得不到单词表那样的明确指导。就像刚出生的时候我们连中文都不会，或者是上世纪很多人也没怎么学外语就闯出去挣外汇，这两种情况最后大家往往都能适应下来。那这两种情况下的人是怎么学习语言的呢？只能通过阅读、听或者观察语言在日常生活中的使用来学习。在这种情况下，我们可能会开始识别模式，比如某些词汇总是在类似的情境下出现，或者某些词似乎具有相似的结构或音韵特征。比如哪些词的发音有力量感，哪些词经常在跟人打招呼的时候用，等等。这样，我们就会逐渐摸索出来一套潜在的规则和分类，比如自然而然地把词汇分成动词、名词和形容词等，即使没人明确告诉我们这些分类。这就叫无监督学习。

监督学习和无监督学习构成了机器学习领域的两个基本类型。由此衍生的，还有一系列诸如半监督学习、自监督学习这些混合学习模式。但归根结底，这些方法都是为了让机器能够像人一样学习，随着时间和练习不断积累知识和技能，通过算法自行找出数据之间的关系和模式，而不需要人类去编写具体的程序。这一概念，正是机器学习与传统编程的根本区别所在。

数据和模型

机器学习的深远意义在于，只要找到一套能有效学习的算法，它就可以广泛适用于不同任务。比如，我们搞了一套算法，喂给它人脸照片，它就能学会定位人脸。同样的算法，也可以用来定位人手，只需给它看大量包含和不包含手部的照片即可（如图1-1所示）。

它自己就能学，而不是像传统编程那样，需要重新从头写一套规则告诉它人手长什么样。

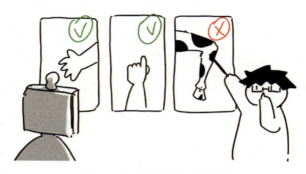

图 1-1　AI 正在学习人手的照片

然而，当我们真正沿着这个思路走时，许多具体问题就出现了，主要是围绕数据和模型。机器学习本质上是构建一套神经网络模型，让模型从大量数据中学习。如何获取足够多且高质量的数据，如何构建一个能力强、学习效率高的模型，成为影响学习效果的关键。整个机器学习的研究史，基本上就是围绕这两点展开的。

在学术界，模型通常被用来表示对现实世界现象的简化和抽象。而在机器学习领域，咱们就可以把模型看作一个函数，再直白点就是一个有输入、有输出的黑盒子。模型训练的过程，就是调整这个盒子里密密麻麻的小开关。训练完了，每一个小开关的开闭状态就被锁死了。这个黑盒子的内部结构可能无比复杂，但咱们不用管，咱们只关心它能不能针对输入给出正确的输出。比如你输入一张狗的照片，它的输出就应该是"狗"，而不能是"林亦"。它要是看着狗的照片说"这是林亦"，那它的训练过程就是有问题的。

神经元和感知机

如今流行的语言模型，基于一种叫做神经网络的技术。顾名思义，它模仿的是我们大脑神经系统的结构，如图 1-2 所示。真实的神经系统基本单位是神经元，神经元是大脑中一种能够以简单方式相互交流的细胞。神经元细胞有很多个突起，通常来说可以理解为它有很多条"腿"。大部分"腿"都比较短（称为树突），用来接收刺激，然后其中一条"腿"特别长（称为轴突），一直连到另一个神经元上，负责向下传递刺激。这样一个结构，就可以让神经元根据多个输入作出一些简单判断。

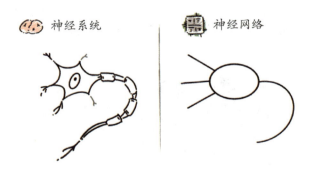

图 1-2　神经网络和真实神经系统的基本单位（感知机和神经元）

举个简化些的例子，我们在学一门陈旧且枯燥的课程时，体内的神经元的几条短"腿"接收到的就是褪色的教材封面、枯燥的文字、晦涩的公式，汇总到一起，它那条长"腿"可能就会无动于衷。

如果换个场景，比如打开了手机游戏，那这几条短"腿"收到的就是鲜艳的画面、精致的人物、优雅的角色服装。这些刺激一过来，这个神经元最长的那根末梢就会兴奋起来，输出信号狠狠地刺激下一个神经元。当成千上万个这样的神经元组合到一起之后，这些刺激就会汇总成一个更高层级的输出，比如远处的另一个神经元发出了"生活费到账"的刺激信号，我们可能就会冲动地为游戏充值。

机器学习中的神经网络模型借鉴了这个生物学结构，它的基本单元称为感知机单元，结构和神经元很类似，也有多个输入和一个输出。感知机单元的运行过程就像投票评分，每个输入都是一个分数，而每个分数又对应着不同的权重，就好比等级不同、话语权不同的评委。假如说有三位评委分别给出了 0.1、0.1、0.4 的分数，而他们的评分权重又分别是 0.5、0.1、0.4，那最终的得分就是这三对数字乘起来再求和，也就是 0.22。整个过程如图 1-3 所示。

图 1-3　感知机正在"感知分数"

感知机特别的地方在于，它有个分数线，比如 0.5。过了这个线，它就输出 1，表示激活；没过的话，就输出 0，表示未激活。这样就模拟了生物神经元的工作过程。

但这个设计如果真正落实到数学计算上，又会出现一个问题，就是没法往回追溯。还是回到手机游戏的例子，感知机如果输出了1，可是我怎么知道哪个因素是最关键的呢？是画面、人物，还是服装？

一个自然的想法是分别在这三个方向上加大力度，依次让画面更鲜艳、人物更精致、服装更优雅，看看输出有什么变化。可是按照当前的策略，这么干之后，输出还是1，什么也分析不出来。所以这里要做一个修改：不再粗暴地让感知机对于所有过线的情况都输出1，而是在过线之后，把实际分数作为输出。这样，从这三个角度分别加大力度后，就可以从输出分数的变化往回追溯，从而知道哪个因素对感知机的影响最大了。这样调整后的输出策略在深度学习中十分常见，称为 ReLU（rectified linear unit，修正线性单元）。在神经网络中，它扮演的角色称作"激活函数"。

神经网络和反向传播

现在我们已经知道一个感知机单元是怎么运作的了，把它们连成多层网络结构，它们就也会像神经元组成大脑那样，展现出强大的信息归纳能力。一个简单的多层神经网络模型包含很多层神经元，每一层都有自己的名字，比如我们可以描述一个神经网络的结构是"一个输入层、两个隐藏层、一个输出层"，如图1-4所示。前面说过，模型本质上就是个能读取输入，然后尝试输出准确答案的黑盒子。这个答案可能是"猫""狗""林亦"这样的分类标签，也可能是预测出来的数值，比如三天之后的股票价格。这些都需要在输入和正确的输出答案之间建立起特定的映射关系。

图 1-4　包含"一个输入层、两个隐藏层、一个输出层"的神经网络

在神经网络模型里，每个单元之间的连接都是一个权重数值，这些数值可以在输入和输出之间建立起无数种映射关系。可是怎么才能确定这大量的权重数值分别应该是多少呢？这就要靠反向传播算法了。

在我们深入探讨反向传播之前，先来回顾一下函数和导数的基本概念。

导数

简单来说，函数就是一种固定的对应关系。比如，$y=2x$ 就描述了一种"乘以 2"的关系，那么它就会针对我们的输入产生对应的输出：输入 2 就输出 4，输入 3 就输出 6……

导数则是用来衡量输出相对于输入变化速度的工具。比如，当输入从 2 变为 2.1，增加了 0.1 时，函数 $y=2x$ 的输出增加了 0.2，这是因为它在此处的导数是 2。如果函数是 $y=3x$，那么导数就是 3，意味着变化速度更快。

神经网络的复杂程度远超于此，因为它的输入变量不止一个。比如，一张 200 像素 × 200 像素的图片就有 4 万个像素，这就需要去求偏导数。这个过程就像是在分析一个游戏时，对场景、人物、服装等元素分别求导数，从而计算出哪个元素对玩家兴奋度影响最大。它帮助我们找出不同输入变量对应的权重。

在计算机中训练神经网络的过程是这样的：首先，训练程序会为每个输入变量随机分配一个 0 到 1 之间的权重值。假设场景的权重是 0.5，人物是 0.1，服装是 0.4，并且这些因素都是可以量化的。例如，在某个游戏时刻，场景的精美度是 0.1，人物的美观度是 0.1，服装的优雅度是 0.4。经过第一轮随机权重计算，得到的分数是 0.22，这就是一轮前向传播的结果。然而，这个结果并不理想，因为实际情况可能是我对 0.4 分的服装已经兴奋到 0.6 了。

损失函数和梯度下降

那么，这种偏差该如何衡量呢？这就需要用到损失函数。损失函数通常是基于统计学的数学模型，常见的有均方误差、交叉熵损失、绝对误差等。**损失函数的结果永远是非负数，用来衡量模型预测与实际情况的偏差程度。**比如，使用绝对误差，模型输出（0.22）与实际兴奋值（0.6）的偏差是 0.38。为了缩小这个偏差，让模型能够准确预测我的兴奋度，我们需要调整权重。

模型的输入输出关系完全由权重决定，对于同样的输入，权重不同，输出就会不同。我们可以将偏差视为关于权重的函数，即损失函数。我们希望找到损失函数变化最快的方向，这就需要用到梯度。梯度可以看作反映了函数在特定点上的斜率，总是指向函数增长最快的方向。想象你站在山顶，梯度告诉你哪个方向能最快上山，原地转 180 度，就是下山最快的方向。沿着这个方向调整权重，损失函数的值就会越来越小，这个过程称为梯度下降。

回到图 1-3 中的例子，假设三个输入分别是 $x_1=0.1$、$x_2=0.1$、$x_3=0.4$，对应的权重是 w_1、w_2、w_3，模型的映射关系是 $y=w_1x_1+w_2x_2+w_3x_3$。反过来看，y 是关于权重 w 的线性函数，对这三个权重求偏导，结果分别是 x_1、x_2、x_3。为了减小偏差，需要将 y 从 0.22 拉向 0.6，也就是沿着（1，1，4）的方向调整权重 w。

不过，这只是三个变量的情况。在实际的神经网络中，变量和权重可能有上千万甚至数十亿个，并且是层层传导的。为了解决这个问题，我们需要借助链式法则。

链式法则是一种计算复合函数导数的方法，当一个函数由多个函数嵌套而成时，它的导数等于外部函数的导数乘以内部函数的导数。

模型的收敛

在神经网络的世界里，训练模型就像剥洋葱，一层层地剥开外部函数，直到找到每个权重值的偏导数，最终汇集成一个超高维度的梯度。这个过程又像重温一部电影，从结尾回溯到开头，理解每个事件和线索如何影响整个故事的走向。完成这一流程后，我们先计算输出，再反向找出权重的梯度，最后让所有权重沿着这个梯度的方向前进一点点，完成一步更新，让模型更接近准确的方向。起初，所有权重都是随机生成的，因此模型的修正速度较快，但随着准确率的提高，这个速度会逐渐减慢，这就是所谓的模型收敛。

收敛的过程就像钓鱼时的鱼漂，刚扔下去时剧烈抖动，随后逐渐平稳，但并未完全稳定。稍微有点刺激，比如遇到一阵微风或水底的小暗流，鱼漂又会抖动起来。许多年轻人可能会忍不住提竿，结果一无所获，而成熟的钓鱼者则会耐心等待——心如止水，才是真正的收敛。不过，并不是所有模型都能在训练中收敛，模型本身、训练数据或超参数设置的问题都可能导致模型无法收敛。

超参数是模型训练中的重要因素，包括批量大小、迭代步数、激活函数和优化器选择等。它们不改变模型结构，但控制训练过程。其中最重要的超参数是学习率，它决定了模型参数的更新幅度。梯度指出偏差减小最快的方向，但如果步子迈得太大，可能会跳到更高的地方，反而找不到最低点；步子太小，移动速度慢，还可能陷入小坑，无法到达更低的谷底（如图1-5所示）。因此，学习率需要反复测试和调整，直到与模型最为匹配，这就是属于该模型的"心如止水"的状态。

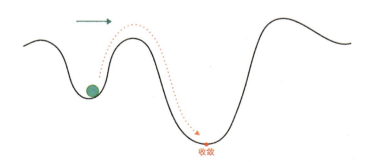

收敛

图 1-5　学习率（绿色箭头方向的力）过大，模型会跳过收敛位置所在的"谷底"；学习率过小，模型不能走出当前的"小坑"——在这两种情况下，模型无法到达收敛位置

调整超参数并不是最麻烦的。真正决定训练成败的是模型的结构。深度学习曾一度停滞不前，因为层数增加到一定程度后，模型无法学习。反向传播调整每层权重，但在层数多的模型中，导数值接连相乘，可能导致梯度爆炸或消失。直到残差网络的出现，才解决了这个问题。残差网络通过在计算网络层输出时，从前面挑一层加到一起，增强了梯度变化的稳定性，使构建深层神经网络成为可能。

残差网络的出现，使得神经网络的深度从几层到几十层，发展到上百乃至上千层，具备了解决复杂问题的能力。它的主要开发者何恺明因此获得了 2016 年计算机视觉与模式识别会议（Conference on Computer Vision and Pattern Recognition，CVPR）的最佳论文奖。如今，残差网络几乎成为神经网络的必备结构，广泛应用于大模型中。

然而，调整好超参数和模型深度，并不意味着模型一定能学明白。数据质量同样重要。若只学数学却考英语，结果可想而知。虽然机器学习领域的学者不会犯这种低级错误，但数据过于复杂可能导致欠拟合，即模型准确率无法提升。相反，过拟合则是模型能力过强，记住了数据中的干扰因素，而非普遍规律。真正优秀的模型应具备泛化能力，能适应陌生数据环境，而不仅仅在训练数据上表现出色。

为了评估模型的泛化能力，我们会将数据划分为训练集、验证集和测试集。训练集用于识别模式和规律，验证集用于阶段性评估模型表现，测试集则是最终的考验，评估模型在真实世界中的性能。

随着大模型时代的到来，超级大模型的泛化能力受到质疑。它们可能只是机械地背下了数据，而非真正理解人类知识。但无论如何，从小型专用模型到大型通用模型的转变，标志着深度学习进入了一个重要的发展阶段。

自然语言处理的基本概念

神经网络模型既能识别手写数字，又能帮你在游戏中征战四方。然而，无论这些 AI 程序多么强大，它们总让人觉得缺少点人情味。真正让人感受到智能的，还是那些能和我们对话的 AI。

事实上，自从人工智能这个概念出现，研究人员就一直想让计算机模拟人类思考、理解和学习的能力，并且把语言视为这些能力的重要载体。著名的思想实验图灵测试，就是通过让人与计算机用自然语言交流，来评估机器是否具备智能。于是，一个关注如何使计算机理解、解释和生成人类语言的研究领域就诞生了，那就是自然语言处理（natural language processing，NLP）。

自然语言处理中的"自然"是什么意思呢？咱们平时和别人聊天的语言，包括本书使用的语言，都算是自然语言。自然语言是随着文化演化自然而然形成的语言，有历史和文化积淀，而不是我们自己定义和创造的编程语言。正因如此，自然语言的成分往往相当复杂。像"V我50"这种网络用语，也可以算作自然语言。而且就算是同一个词，随着时间推移，它的含义也会发生改变。

不过，虽然这玩意儿很复杂，但咱们人类偏偏就有这天赋。四个月大的婴儿就已经能听明白父母在叫自己了，也会开始理解不同声音的含义。长大之后，那就更是学得飞快。比如说咱们看到一句话："《原神》是由米哈游研发的一款全新开放世界冒险游戏。"你即使完全不知道"《原神》"和"米哈游"是什么，至少也能马上听明白"《原神》"是游戏的名称，然后又能推理得出结论："米哈游"是一家游戏公司。就是这看似无意间完成的过程，实际上已经蕴含了许多处理语言的步骤。

我们首先将句子拆分，比如开头的"原神是……"（这里先不考虑标点符号的影响），其中"原神"是个有意义的词，而"神是"就不是个词。接着，我们判断词语性质，分辨出"原神"和"米哈游"是名词，而"研发"是动词。然后，我们提炼出"A是B"这个句式，知道"原神"是个游戏，剩下的名词"米哈游"是"研发"这个词的主语，所以我们知道它是个企业或机构。这短短一瞬间，我们的大脑就完成了一系列精密复杂的解读工作，使我们理解了语言中包含的信息，而这个过程时时刻刻都在每个人脑子里发生着。

编码和二进制

那么，机器是如何理解语言的呢？我们先想象一个没有语言的世界。在这样一个世界里，每个人都能看到白天有"太阳"，晚上有"星星"，但还没有词语去描述。如果想表示这两个东西，有的人可能用手画圈，有的人可能会拿石头在地上摆（如图 1-6 所示），但效率都非常低。直到语言出现，它们有了名字，也就是"太阳"和"星星"，人们才能清晰、准确地表达这些信息。

图 1-6　没有语言的世界中的居民正在努力传达一些天文知识

这种将信息转换成特定形式的过程就是编码（encoding）。编码就像给电影寻找译名，对于"*The Matrix*"这个电影名，可以译为《黑客帝国》，可以译为《骇客任务》，也可以译为《二十二世纪杀人网络》。无论翻译成什么，代表的都是同一部电影，但这些名字带给人的感觉完全不同。类似地，编码的方式并不是唯一的，同一种信息其实有很多种可能的编码方式。一种有效的编码，应该能在转换之后尽可能保留原信息的核心特征，从而避免信息在传递过程中减损和失真。

我们需要编码，是因为信息的接收者多种多样，而不同接收者能够理解的信息形式是不一样的。就像我们看到大街上两条狗在狂吠，如果不是精通动物交流的专家，大概无法理解狗叫声中蕴含的丰富信息，但如果有过养狗的经历，能够根据不同叫声的频率、音调、起伏变化，将其转换成人能够理解的状态，就能在一定程度上解读狗叫声中的信息。

对于计算机而言也是如此。计算机无法直接理解人类语言，它能直接理解的只有两种输入：0 和 1。这是因为计算机的基础构件是晶体管，它是一种微小的电子开关，可以在断电和通电两个状态之间切换。因此，这两个状态可以很自然地映射为 0（断电）和 1（通电），也就是二进制表示。

这种小开关的组合可以执行一些简单的逻辑判断，比如两个开关都打开就输出 1，其他情况都只输出 0，这就是与门（AND）的逻辑。再比如，只要至少有一个开关打开就输出 1，只有两个都关着才输出 0，这就是或门（OR）的逻辑。将这些逻辑模块组合起来，电路就能实现像加减乘除这样的基础运算，或是执行一些简单的条件判断。如今我们的电脑芯片中，有数十亿甚至数千亿个这样的晶体管，这些晶体管构成了极其复杂的电路，因此能实现高密度的信息处理，进行像深度学习这样的复杂计算。

但无论构造多么复杂，当代计算机的核心依然是基于 0 和 1 的二进制系统。也就是说，不管是什么形式的信息，视频、图像或是文字，想要让计算机对它们进行处理，都得先以某种方式将它们变成数字表示，再进一步编码成计算机能够理解的二进制格式。通过编码把人类的语言符号转化为机器能够计算的数字，就成了让计算机理解自然语言的必需步骤。

如今的计算机其实已经有了成熟的字符编码系统，我们现在在屏幕上看到的文字就是靠它们显示出来的。这其中广为人知的两种称为美国信息交换标准代码（American Standard Code for Information Interchange，ASCII）和 Unicode（统一码）。这些编码方案通过一一对应的方式，定义了一组字符与相应数字之间的映射关系。比如在 ASCII 中，大写字母 A 的编码就是 65。通过这种映射方式，各种字符都可以被转换为数字，从而能被计算机系统存储和处理。

然而，这种字符编码和我们接下来要讲的编码还不太一样。**深度学习所需要的数据往往不是一个单一的值，而是一种特定的形式——向量。**向量是一种数学表达方式，它表示具有大小和方向的量。可以将向量想象为一个箭头，箭头的长度表示它的大小，箭头的朝向则是它的方向。向量这一概念的核心在于，它表示了一个量的空间状态，这使得它能很好地承载高维度的信息。在计算机科学中，向量通常是一列数字，这列数字反映了数据样本的一系列属性。它就像是某个数据对象的用户画像，用户的性别、年龄、地理位置、消费习惯等特征，都被编码成了这列数字的一部分。而这些属性各自代表了数据的一个维度。于是，我们可以通过向量以高维的方式表示数据，从而让深度学习模型学到深层次的语义和结构，比如理解词汇间的复杂关系，或是找到多组数据之间的相似和不同之处。

词向量

在开始探讨如何将语言符号转化为向量之前，先要了解文本表示的基本概念。文本表示的第一步，就是确定表示对象的基本单元。为了创造一个能够自然对话的 AI，我们的目标是尽可能全面地将所有文本向量化，让模型有充沛的学习资料，从而更好地掌握语言表达的基本规律。于是，我们设想构造一个词典，让词典中的内容能够自由组合成所有可能的文本。这样，模型只需要记住词典中每个基本单元的含义，就能通过建立这些单元之间的联系，学会自然语言了。就像我们刚开始学习识字的时候，总是先掌握单个汉字，然后才能一步步遣词造句，落笔成文。

分词和 token

文本数据的范围可以大到一篇文章，小到一个字符，中间还能划分为段落、句子、短语等不同层级。在选择词典的构成时，如果将高层级的对象作为编码的基本单元，比如将句子作为表示文本的最小单位，那么最终能够表示所有文本的词典将会无比庞大。因为几乎每个句子都有着不同的词汇组合和语法结构，这使得句子的形态几乎是无限的。如果使用句子作为基本单位，就要为所有独特的句子单独存储一个编码表示，这将使得数据集的规模急剧膨胀。

当句子成为基本单位时，句子中蕴含的语法结构、指代方式、语序关系等信息也将不复存在。就像是一张有着复杂图案的拼图，如果站得太远，就只能看到整体的轮廓和色彩，每一块小拼图的细节都被淹没在其中。然而，对 NLP 中的很多任务而言，这些细节有着非常重要的作用。例如，文本分类对语序关系比较敏感，词性标注对语法结构比较敏感，等等。当这些细节消失时，模型就很难从中挖掘出有价值的信息。

因此，我们需要将文本字符串拆分成更小的、有意义的单元，作为编码的基本单位，这就是分词。而分词完成后的基本单位，有一个专门的术语，我们在大模型产品的收费页面经常见到，那就是token。

在所有分词方式中，最直观也最容易理解的就是按词划分了。所谓按词划分，就是每个词都作为一个 token，这称为**词粒度**。在词粒度下，比如"《原神》是由米哈游自主研发的一款全新开放世界冒险游戏"这串文字，就会被拆成"原神""是""由""米哈游"等词。这种分词方式和我们阅读时的停顿习惯一致，词语中的语义信息也被很好地保留了下来。看起来这种分词方式挺不错的，但它也有两个问题。

一方面，以词粒度构造的词表仍然太过庞大了。仅以现实生活中的词典为例，《汉语大词典》有着超过 30 万个词条，而《朗文当代高级英语辞典》包含约 23 万个词条。庞大的词典规模导致它的维护成本就很高，查找和更新极其依赖高效的数据结构和算法，这就大大影响了模型的学习效率。

另一方面，词粒度很难适应不断出现的新词和衍生出来的词，比如每年网络上出现的流行语，以及英文里面"smart""smarter""smartest"这样含义相似但形态不同的词。由于无法分辨词语的内部结构，词粒度唯一能做的，就是在词表中开辟一块新的空间来存储它们，这就会导致词典的规模持续膨胀，进一步增加计算的开销和负担。

为了解决这个问题，还有另一种将文本拆得更碎的分词方式，叫做**字粒度**，即把一句话拆成一个一个字和标点符号，将每个字或标点符号当作一个 token。但这个办法也有问题，单个字母或者中文字符实际上是没有太多意义的，将文本分得太细，反而会导致词汇的语义信息丢失，而且模型输入的计算开销也会变得更大。像"I love you"在词粒度下只有三个词，但在字粒度下就要变成八个字母（此外还有空格），计算量就大了很多。

那么，理想的分词方式应该是什么样的呢？在理想的情况下，我们希望在词表规模、词表覆盖率和词表基本单元的含义之间找到一个平衡。它应该既能保留每个基本单元的语义，又能依靠基本单元的组合覆盖绝大多数不常用的表达，还能将整个词表的规模控制在可接受的范围内。而这，就是如今大语言模型采用的分词方式——**子词（subword）粒度**。

子词粒度遵循的原则是，常用的词尽量不分解，不常用的词再往下分解为子词，每个子词作为一个 token。比如"smarter"就会被拆分成"smart"和"er"这两个 token，通过学习基础词"smart"的意义和这个后缀"er"，模型就能理解整个词的原意，还有它的比较级含义。而像"gelivable"（来自网络词汇"给力"）这样新造的生词呢，就可能会被拆成前面的"geli"和后面的"vable"这两个 token，这样即使这个新词不在训练数据里，模型还是可以通过识别其中的"vable"后缀，来把握一些基本的语义信息，从而对这个全新的词的含义做出一定的推测。

因此，今天大模型产品往往依照子词粒度处理用户的信息。例如，大模型常用的"按 token 收费"策略，往往就是按用户与大模型之间交互的子词数量收费。此外，这也很好地解释了大模型里面一些怪现象，比如它很难数明白一段话里到底有多少个字，这就是因为模型能理解的只是子词的数量，而不是真正字符的数量。另一个例子是，让大模型把一些较长的单词倒过来写时，也会出问题，比如让 ChatGPT 把"lollipop"（棒棒糖）这个单词倒过来拼写，它如果不写一个代码脚本而是直接输出的话，答案就很可能是错的。这同样也是因为 AI 看到的是"lol""li""pop"这些子词，并不是单独的字母。颠倒子词的顺序，就会得到"poplilol"而不是字粒度下的"popillol"。但这些都是小问题，子词粒度已经能非常好地平衡词表规模和语义信息了。

向量化

在明确了这个文本编码的基本单元之后，我们就要把这些拆分好的文本变成计算机能够理解的数字，这个过程就是向量化。

独热编码

有一种简单的向量化方法，称为独热（one-hot）编码。这种编码的思路是，先统计一段文字一共可以拆分为多少种不同的

token，把这个种类数作为向量的长度，然后为每种 token 分配一个向量，每个向量都只能由 0 和 1 组成，且 1 只有一个。

独热编码方式有两个重大缺陷。第一，一整门语言可以拆分出的 token 数量非常大，如果按这种方式，每个 token 都得表示成一个长度为几千甚至几万的向量，而每个向量里面又只有一个 1，剩下的全是 0，计算量大的同时，信息密度又非常低，非常浪费资源。第二，独热编码下看不出不同 token 的语义关联，每两个不同的向量都是垂直的（因为它们的数量积为 0）。所以，我们需要更好的编码方式。

词袋编码

为了缓解独热编码信息密度低的问题，学界提出了词袋（bag of words）编码。词袋编码不会再把每个 token 都转化成向量，而是会计算每个 token 在文档中出现的次数。

例如，对于"我喜欢吃苹果，不喜欢吃香蕉"这句话，我们假设它可以拆分成 6 个 token：我、喜欢、吃、苹果、不、香蕉。如果用独热编码来表示这句话，它就需要 8 个长度为 6 的向量，如图 1-7 所示。

我	$(1, 0, 0, 0, 0, 0)$
喜欢	$(0, 1, 0, 0, 0, 0)$
吃	$(0, 0, 1, 0, 0, 0)$
苹果	$(0, 0, 0, 1, 0, 0)$
不	$(0, 0, 0, 0, 1, 0)$
喜欢	$(0, 1, 0, 0, 0, 0)$
吃	$(0, 0, 1, 0, 0, 0)$
香蕉	$(0, 0, 0, 0, 0, 1)$

图 1-7　用独热编码拆分句子

但换成词袋编码之后，这一整句话就只需要一个长度为 6 的向量，比如 $(1, 2, 2, 1, 1, 1)$，最终得到的结果是，"喜欢""吃"这两个 token 出现了两次，其余的 token 各出现了一次。用一个向量就全记录了下来。

可以看到，词袋模型大大减少了数据维度，同时保留了部分语义信息。然而，这种方法仍然存在一个问题：它忽略了词语的顺序。对于词袋模型来说，"我喜欢吃苹果"和"苹果喜欢吃我"是完全相同的，因为它们包含的词语及其频率都一样。但实际上，这两句话的语义并不一致，这种问题在句子涉及主谓宾结构时十分常见。

n-gram 编码

为了应对词语顺序对语义的影响，*n*-gram 编码应运而生。*n*-gram 指的是长度为 *n* 的小词组，这些小词组的生成可以想象成拿一个长度为 *n* 的小窗口沿着句子向后滑，框出来的就是一个个长度为 *n* 的小词组。例如，设定 *n* = 2，对于"我喜欢吃苹果"的例子，使用 2-gram 编码后，切分的词组就是"我喜欢""喜欢吃""吃苹果"。而"苹果喜欢吃我"切分后的词组则是"苹果喜欢""喜欢吃""吃我"。这样，就区分开了两句话。

到这儿，我们就成功地把句子转化成数字向量了，而且不同含义的句子对应的向量也不一样，能区分开。而再进一步，我们还可以通过比较向量在空间中的状态，比如距离、角度等，来计算两个向量之间的相似度。最终去找到一套更精准的编码，让句子的含义也能体现出来。比如"我喜欢吃苹果"和"apple 这种 fruit 我觉得很 good"，这两句话无论是字数还是用词都不一样，甚至都跨语言了，但在合适的编码下，它们对应的数字向量就会离得很近，这样它们在语义上的相似性就在数学上被表达了出来。

利用这种方法，我们已经可以构建出一套原始的人工智能系统。

首先，我们手动准备一系列问题和回答，比如对于"你是谁"这个问题，回答"我是林亦"。然后，将这些问题编码成向量，当用户提问时，我们也将其转化为向量，并与预设问题进行匹配。比如用户问"你叫什么名字"，它可能会匹配到"你是谁"这个问题上，然后回答"我是林亦"。这种模糊匹配搜索就是最早期的人工智能。

> 从这种无情的搜索机器到今天能聊天、能陪伴、能吟诗作对的大模型 AI，中间经历了哪些技术进步呢？除了编码方式有了突破，能够更高效地捕捉更丰富的信息，深度学习领域的发展进一步赋予了 AI 更强大的"大脑"。

大模型如何"说人话"？

人类学习语言的过程，简单来说，就是从"蹦词"开始。小时候，我们看到一个红红的、圆圆的东西，大人告诉我们："这是苹果。"看到一个黄黄的、弯弯的东西，他们又说："这是香蕉。"通过这种反复的观察和对应，我们逐渐学会了用语言描述世界。而大模型的语言学习过程，虽然没有用到眼睛和耳朵，却也有异曲同工之妙。它通过海量的文本数据，搭建了一座庞大的"词汇图书馆"。

图书馆中，各种书籍按类别整齐排列。比如，讲编程的书和讲计算机结构的书可能挨得很近，而爱情小说则可能被排在另一层楼。大模型的"词汇图书馆"也是如此，只不过它的规模大得惊人——

每本"书"上只写一个词，而这些"书"是根据词语的共现频率排列的。比如，"苹果"这本书周围可能是"好吃""水果""营养""健康"，而这些词的周围又是与它们相关的词汇。通过这种方式，大模型为每个词建立了一个精确的位置。

更厉害的是，这座图书馆是从互联网上几乎所有的人类文本中整理出来的。各种可能的表达方式都被统计了进来，每个词都被周围几十甚至几百个词锁定在了一个精确的位置。这样一来，一个词在这座巨大的图书馆里的位置，比如第几组、第几排、第几行、第几列，就对应了一个非常具体的含义。哪怕大模型没见过现实世界的"苹果"，但它知道"苹果"这个词的位置在"好吃""水果""营养""健康"这些词附近，这就已经是一个非常全面、准确的理解了。而这个位置坐标，也就是我们刚刚提到的"词向量"。

不过，到这为止，词汇还是一个个分离开的。一旦词语连起来成了句子，难度就又上了一个台阶。比如，"苹果"这个词，在"我想吃苹果"和"我买了个苹果手机"这两句话里，意思并不相同。如果混为一谈，就会把句子的意思理解偏。

注意力机制

为了应对这种变化，大模型引入了"注意力机制"。它会根据词语的上下文动态调整词义。看到"吃"，它会把"苹果"往"食物"的方向拉；看到"买"和"手机"，它又会把"苹果"往"数码"的方向推。这种动态调整的能力，正是大模型生成连贯语义的关键。

那么，大模型是怎么学会这种动态调整的呢？方法其实很简单，就是拿着互联网中几乎无穷无尽的文本数据，不断地让大模型做"填空"。一开始没训练的时候，大模型也糊涂，比如"我买了个苹果手机"这句话，把"买"字抠掉留个空，它可能会填个"吃"，但这就和原文不一样了。训练算法就会给它扣分，让它知道自己错了。下次看到"苹果"和"手机"在一块儿，它就会少往"吃"这个方向靠，多往"买"那个方向走（如图 1-8 所示）。通过这样的反复训练，大模型逐渐学会了如何根据上下文调整词义。

图 1-8　大模型正在努力区分"苹果"一词的不同含义

经过无数次的填空练习，大模型不仅成了"完形填空大师"，还学会了持续生成文本。只要你给它一个开头，它就能根据上下文不断往后填，生成连贯且符合语义的句子。这就是今天的智能助手和聊天机器人能流畅表达的原因——本质上，它们就是高级的填字机器。

为什么大模型有时"不说人话"？

搞明白了这个原理，咱们也就能理解大模型身上的很多奇怪现象了。比如，它们好像懂点数学，但又好像完全不懂。一个经典案例是，以往的大模型在比较"9.11"和"9.9"哪个更大时常常会犯错，这就是因为它们对数字的理解也是基于文字本身，而不是真正意义上的逻辑推导。对一些物理、化学现象的理解也是一样。所以，大模型其实有个非常明确的天花板，就是人类语言的描述极限。

现实世界里依然存在一些现象和概念，是人类文字尚未触及的，有些可能还涉及很底层的原理，比如基本粒子的行为规律、细胞的生物化学机制。大模型算法再出神入化，把人类有史以来写过的每一个字都存进了自己的大图书馆，也依然理解不了这些无人探索过的领域。

这就是为什么今天越来越多的大模型厂商开始把精力放在训练以外的部分，比如提升大模型的多步推理能力，让它们真正学会像人类一样多步推理。不过，即便这一步做到了，大模型的能力天花板依然受限于我们的现实世界。就像最顶尖的科学家也得做实验，不能只靠空想就取得研究成果。所以，大模型技术并没有那么无所不能，搞明白了它的原理，也就自然能理解它的问题所在了。

自然语言处理的未来展望

在本章中，我们一同探索了人工智能语言技术的发展脉络与核心技术。从机器学习的基本原理出发，我们了解了神经网络如何通过模仿人脑结构，逐步学会处理复杂的数据；接着，我们深入自然语言处理领域，探讨了文本分词、编码和向量化等关键技术，这些方法为计算机理解人类语言奠定了基础；最后，我们聚焦于大模型，揭示了它们如何通过大规模训练生成流畅的自然语言，并分析了其局限性及未来发展方向。

我们不仅看到了自然语言处理的复杂性和精妙之处，也看到了它在实际应用中的巨大潜力。无论是智能助手的日常对话，还是内容创作领域的创新突破，这些成果都离不开背后深厚的技术积累。然而，正如我们所讨论的，当前的大模型仍受限于人类语言的描述极限，对于未触及的领域或深层次逻辑推理，它们仍有很长的路要走。

展望未来，自然语言处理技术将继续演进，可能通过更高效的多步推理、更强的跨模态学习能力，以及对未知领域的探索，进一步缩小与人类的差距。但无论如何，这项技术的核心始终在于服务人类社会，帮助我们更高效地沟通、学习和创造。

## 第 2 章

计算机视觉：

当算法开始注视世界

AI 眼中，大家都是坐标。

"人工智能"这个词自诞生以来就承载着人类对智慧本质的探索。从图灵测试到专家系统，从神经网络到生成式 AI，每个时代的 AI 概念都在重塑人们对智能的想象。然而在 ChatGPT 等大语言模型横扫全球的今天，公众对 AI 的认知正在悄然收窄——仿佛 AI 只剩下文字生成与对话这一种形态。这种认知偏差就像透过锁孔观察星空，错失了整个宇宙的璀璨。本章将带您推开计算机视觉的窗口，看算法之眼如何重构游戏规则，又以怎样的方式渗透我们的生活。

当视觉 AI 遇上 FPS 游戏：游戏世界的末日预言

　　2021 年，有人发布了一则视频，公布给第一人称射击（first person shooting，FPS）游戏《使命召唤》开发了一个作弊程序，即玩家们常说的"外挂"。这个外挂与传统的外挂完全不同，它不修改游戏内存数据，也不向服务器发送作弊指令，而是通过分析游戏画面来定位敌人，然后自动将准星对准敌人。这个行为几乎与玩家的行为无异，因此，反外挂检测系统根本无法察觉它的存在。更令人惊讶的是，这个外挂可以在各个平台上通用，无论是 Xbox，还是 PlayStation，甚至是手机，只要有游戏画面、能接受外部的输入操作，这个外挂就能"大显身手"。

　　这个问题可不小，所以视频刚火没多久就被下架了，外挂的开发者也被《使命召唤》的制作商 Activision 请去谈话，回来后宣布不再继续开发此外挂。看似事情告一段落，但 FPS 游戏面临的重大威胁并未消除。

看完那个视频后，我也试了一下，几小时内就写出了一个效果更好、功能更夸张的程序。我编程水平也就一般，既然我能做到，别人肯定也能做到。如果放任这种程序发展，那么只能用一句诗来形容 FPS 游戏的形势：山雨欲来风满楼。

程序写完后，我开始思考，有没有能对抗这类视觉AI外挂的办法？

在本节，我们就来好好聊聊这个问题，首先，不妨来看看我写的这个程序。

从方框检测到关键点定位

前文提到的视频中，用于判断游戏画面中敌人位置的技术是基于方框的目标检测。但对于 FPS 游戏这种需要定位人体的场景，其实有比基于方框的目标检测更好的算法。有经验的视觉算法工程师一般都有一块硬盘，存着喂了多年数据的神经网络，我也不例外。我的硬盘里有一套专门分析人体的神经网络，它从我读研究生时就跟着我，多年来被我用大量人体图像训练过。这个神经网络可以从视频和图片中提取人物的关键信息，给出每个部位中心点的精确像素坐标，如图 2-1 所示。

虽然当年训练这个神经网络用的都是真人图像，从没用过游戏画面，但输入游戏画面时，它也一样能把人体坐标定位出来。它之所以厉害，是因为背后的深度神经网络有一定的演绎推广能力，对于没见过的东西，它也能根据层次线索分析，输出的结果往往也都挺准。

>>>

像素世界里的寻宝游戏：基于方框的目标检测

基于方框的目标检测（bounding box-based object detection）是计算机视觉中定位图像内物体的核心技术。神经网络通过预测物体外围的矩形坐标（即边界框），同时识别框中物体的类别，实现"看到并理解"图像内容的能力。

图 2-1　神经网络定位人体坐标

我写的程序的逻辑如下：玩家按住鼠标中键，程序就会把游戏画面中间部分的图像传给神经网络，神经网络分析图像中游戏人物的各个部位，确定中心位置，然后把准星移到我提前规定好的部位——可以是头，也可以是手臂、腿部或人体的任何部位。

当时我还没有独立显卡，就花了几小时在笔记本电脑上搭了这样一套代码框架。此外，近年来我也一直在尝试优化这个神经网络。在《反恐精英：全球攻势》（简称 CSGO）游戏中一试，效果超出预期。

虽然神经网络和游戏同时运行拖慢了电脑的速度，但依然可以做到"枪枪爆头"。

这事从原理上也说得通。游戏场景其实是现实世界简化后的结果，环境和光影都要简单得多。能把现实世界分析明白的视觉AI，分析游戏场景那更是小菜一碟。但测试效果这么好，我反而一点都高兴不起来。按照人工神经网络的推广能力，如果它能拿下CSGO，那剩下的 FPS 游戏应该也没什么问题。

为了进一步验证，笔记本电脑肯定是不够用了。于是，我升级了设备，使用性能更强的台式机显卡，开始挑战市面上能见到的各类大型射击游戏。

>>>

显卡的隐藏超能力：从图像渲染到 AI 引擎

运行神经网络需要显卡的核心原因在于并行计算能力。显卡拥有数千个甚至数万个计算核心（如 NVIDIA RTX 4090 含 16384 个 CUDA 核心），而普通 CPU 通常只有 8 ～ 16 个核心。这种架构差异使 GPU 特别擅长处理神经网络所需的矩阵运算：当 CPU 需要逐行计算时，GPU 可以同时处理大量运算。

以训练 ResNet-50 图像分类模型为例，使用 CPU 可能需要数周时间，使用高端 GPU 仅需数小时。计算速度差异可达 50 ～ 100 倍。

这种优势来源于显卡的原始设计目的：图像渲染本就是通过并行处理数百万像素实现的。NVIDIA 在 2007 年推出的 CUDA 架构，意外地将这种图像计算能力转化为通用计算的得力工具，造就了现代深度学习的硬件基础。

按理说，人脑的高层次演绎归纳能力是远胜于 AI 的，但是在低级信息的处理速度和精确度上，人类就很难比得过专精一个小功能的 AI 了。比如说在人体关节定位这件事上，神经网络给出人体每个部位的中心位置只需要几毫秒，而且精确到像素点。而对于同样的图片，如果人类只有几毫秒的时间观察，都不一定能看清人物位置，更别说定位关节了。**这种压倒性的优势是视觉 AI 对 FPS 游戏的第一个威胁。**

除此之外，传统的反作弊技术也无法检测到此类外挂。**这种隐蔽性是视觉 AI 对游戏世界的第二个威胁。**视觉 AI 外挂与传统外挂的原理不同。传统外挂要操作游戏的内存数据或者文件数据，从而获取游戏世界的信息，进而完成玩家不可能实现的作弊操作，比如让不能穿墙的子弹可以穿墙，甚至穿过整栋建筑物。但是视觉 AI 是完全独立于游戏数据之外的，它的行为就像真实的玩家，也是根据画面发送鼠标和键盘指令，对于传统反作弊系统，这类外挂就像穿着光学迷彩的刺客，完美融入了正常玩家的行为模式。传统反作弊系统惯用的内存扫描、数据包校验、硬件指纹检测等手段，在面对视觉 AI 外挂时集体失效——因为它既不注入 DLL 文件修改游戏进程，也不通过驱动级程序篡改渲染管线，仅仅是像普通玩家那样"观看"屏幕画面，再用物理外设模拟人类操作。

视觉 AI 对游戏世界的第三个威胁是它的通用性。换句话说，这个用真人照片训练出来的神经网络不需要再额外训练，就可以直接识别游戏中的人物，从而拿下绝大多数 FPS 游戏，甚至一些外星角色也能识别到。这与传统外挂需要针对具体的游戏来开发截然不同。如果说以往的修改程序需要逐个游戏攻破，现在的视觉 AI 外挂则是训练好一个模型，直接拿下一整个品类的游戏。

实际上，视觉 AI 的威胁还不止准确性、隐蔽性、通用性。刚才讲隐蔽性的时候提到了，AI 操作游戏和人操作游戏在交互方式上是没区别的，这就又衍生出来一个更大的问题：它可以攻陷任何一种游戏平台。电脑、主机、手机，无论设备生态控制得多严格，在视觉 AI 面前，依然是"众生平等"。

用 AI 打败 AI：游戏反作弊的新模式

视觉算法不是什么高精尖的技术，既然我能做出来，其他人也一定能做到。那么，我分享了开发这样一个视觉 AI 来修改游戏的经验，会被进一步模仿，从而破坏整个电子游戏环境吗？

这个问题正是本章真正想分享的。AI 的发展不会因我而停下，即使我不去做前文的开发，问题也会逐渐凸显，但如果我分享一下解决这类问题的思路，也许会有所帮助。

网友们遇到剑走偏锋的情况时，往往会调侃道："要打败魔法，还是得靠魔法。"对于网络游戏，玩家必须联网操作，而玩家发出的操作都需要通过服务器处理。既然如此，游戏服务器可以将玩家一段时间内的操作记录成时间序列。收集足够多的数据后，再结合玩家的举报，将作弊者的序列标注出来，通过机器学习训练一个分类算法。有了分类算法之后，就能识别出那些操作异常的玩家。这样一来，就能化解 FPS 游戏面临的重大威胁。

那么，这种分类 AI 会不会给服务器带来过大的负担呢？实际上，AI 更需要运算量的是前期的训练阶段。我当年学习了这套算法之后，写了一个运行速度更快的版本，从学生时代到后来工作，一直在优化它的运行速度，而且这个过程中又给它喂了很多数据，也用它做了一些其他项目。正是有了前面的积淀，这次才能没怎么花时间在算法上，只是搭了一套框架出来，就能够读取画面、运行算法。如果这种分类算法一旦训练好，运行在网络游戏的服务器上时，就不会消耗很多运算资源。

>>>

行为式验证码：无声的网络安全守卫

其实，类似的思路也能应用在验证码上。行为式验证码是通过分析用户与设备的交互模式来区分人类与机器程序。相较于传统验证码要求用户识别扭曲文字或点击特定图片，行为式验证码持续监测鼠标移动轨迹、触屏滑动角度、页面滚动速度等行为特征，利用机器学习建立人类行为模型（如用于判断加速度曲线是否因人类的犹豫而震荡的模型）。

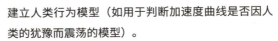

在本节，我们讨论了视觉 AI 的精确性、隐蔽性、通用性，以及它可能对全平台造成的破坏性。最后，我也提出了解决这个危机的

方法。至于我手上的视觉 AI，我也一直妥善保管所有代码。现在这个项目做完已经四五年了，它依然离线冷存储在我的硬盘里。

从游戏到生活守护的技术迁移

当我们见识到视觉 AI 对游戏公平性的威胁时，一个更深刻的命题正在浮现：同一套技术框架既能成为秩序的破坏者，也能化作生活的守护神。计算机视觉的算法之眼从世界战场转向现实生活时，也能展现出意想不到的温情。这种技术迁移的戏剧性，在另一个项目中得到了完美诠释——当我揉着酸痛的脖子从游戏的枪林弹雨中抽身时，忽然意识到：那些能精准锁定游戏角色关节的算法，或许也能用在生活之中。

在 2022 年，我们又做了一款手机 AI 程序，这个 AI 的任务是监测我的坐姿是否健康，一旦我塌腰驼背或者跷起二郎腿，它就会用我爸的原声及时提醒我，把我包裹在醇厚的父爱里。

我塌腰驼背的问题由来已久，无论是小时候在家，还是现在在工作室，旁边的人看到我驼背，都忍不住会过来扒拉我一下。但不可能有人 24 小时盯着我——所以我就想到 AI 了。

这个 App 有一大特点：在手机上运行，不用上传到服务器。为什么要如此强调这个特点呢？有两个原因。

第一个原因是，App 的可靠性特别重要。手机上跟 AI 相关的应用有着很长的历史，比如苹果公司著名的语音助手 Siri 早在 2011 年发布的 iPhone 4S 上就已经搭载，但随后的十几年中，它都十分依赖网络。一旦网络断开，它的功能就会大打折扣。哪怕是 2024 年，苹果公司发布的人工智能产品——Apple 智能（参见第 9 章），也不能脱离网络运行。设计坐姿识别 App 的初衷是监测我的姿态，不能允许我通过断开网络连接等方式"逃避"。

第二个原因更重要，就是隐私问题。包含本人的图像不能离开手机，哪都不要去，这个是最安全的。这个程序一开始就是开源项目，也就是任何人都可以拿来运行和测试。如果是我自己用一台服务器处理所有人的画面，即使尽可能加密，也不能保证信息不会泄漏。

这个项目具体实施起来的难度并不高，主要分为两部分。

第一个部分是获取人体关键点坐标。2021 年 5 月，谷歌发布了一个 AI 模型，称作 MoveNet。它的功能称作姿态估计。具体来说，它可以找到画面里的人，把关键部位定位出来，如左右手、左右脚，还有眼睛、鼻子等，总共 17 个关键点，如图 2-2 所示。

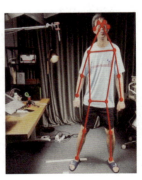

图 2-2　MoveNet 定位到的
关键点

MoveNet 的一大特点是速度快。哪怕是运行更慢的版本，在 2020 年上市的手机芯片上，一秒也能识别 22 次姿态。

第二个部分是利用这些坐标判断坐姿健不健康。这里，我可以将关键点信息接入一个分类器，将我的各种姿势分类，判断这些姿势哪些是健康的，哪些是不健康的。MoveNet 针对手机 AI 应用的制作有专门的工具，叫 Tensorflow Lite，这上面就有 MoveNet 的官方示例，其中自带了一个分类器，但它是用来区分不同的瑜伽动作的，和我的需求不一样，所以这里就得自己训练这个分类器。

要想训练自己的分类器，就要先制作训练数据。我要让 AI 学会为标准坐姿、脖子前伸、跷二郎腿这三种姿势分类，那就要告诉 AI 这三种姿势都是什么样的。我拍了一下午照片，总共拍了 876 张，分门别类存好，组成了训练集。后面训练 AI 的时候，AI 就会一遍遍看这些照片，直到它搞清楚哪些姿势是标准的，哪些是脖子前伸和跷二郎腿。

只有训练集是不行的。我把工作室的晓白喊了过来，给他也拍了 74 张照片，用来检查 AI 的学习效果。**如果 AI 只看过我的照片，却能判断出来晓白是不是在伸脖子，那就说明它掌握的这个规律是比较普遍的，不会只适用于我一个人，这样，这个项目才能适用于更多的人。**用机器学习的术语来说，晓白的照片就是测试集，用于避免过拟合。更多关于过拟合的内容，则可以参见第 3 章。

训练过程还是比较顺利的，训练结果如图 2-3 所示。在只看过我的照片的情况下，AI 对晓白的姿势进行分类的准确率达到了 80%。从结果的混淆矩阵来看，AI 对脖子前伸、跷二郎腿这两种姿势的判断都很准确，但标准坐姿有时候会被误判。

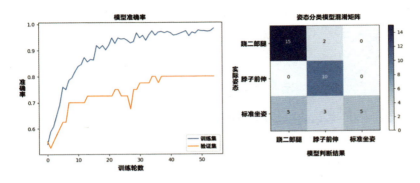

图 2-3　训练结果

　　针对这类误判问题，我从工程实现角度采取了一个小技巧，在 AI 的判断之上又加了一层逻辑。当画面里出现了不健康坐姿，先不要警告，因为有可能是误判。等到连续 30 帧画面都被 AI 判定为不健康坐姿，就先进入警戒状态。如果在警戒状态下，接下来连续 30 帧还是都被 AI 判定为不健康坐姿，系统就会确认监测到了不健康坐姿，并发送语音提示。

　　这样设计的原因是，AI 在单次检测中的准确率达到了 80%，因此连续 60 次全部判断错误的可能性很小，这样 App 就不会在我坐得好好的时候乱发警告了。

　　最后，我给 AI 配上了我爸录制的语音包。又分析了当年我爸的一些行为模式，加了一些顶层程序逻辑，比如说如果我一直不听劝，AI 就会越来越严肃，一旦我听话了，它还会给我一些鼓励。

　　我从 2012 年离开家，已经过去十多年了。现在我爸的声音每天陪我到后半夜，虽然是骂我但也挺温馨的。离家越久，这个感觉就越深刻。

魔镜与阶梯：AI 凝视下的人类自觉

不同于对话框里妙语连珠，计算机视觉算法正在用另一种方式重新定义人机关系。它可能是游戏世界里隐形的枪手，是守护健康的数字家长，甚至是未来某天看懂 X 光片的诊断专家。这些项目给予我们双重启示：AI 不是单纯的生产力工具，它更像一面魔镜，照见技术与人性的复杂纠缠。或许正如上个世纪的人们描述 AI 时未曾预料到今天的局面，我们此刻对 AI 的认知，也不过是通向未来的一级台阶。保持敬畏，保持好奇——这才是面对 AI 凝视时，人类应有的姿态。

## 第 3 章

强化学习：

当机器学会在失败中成长

锤炼 AI，为我"复仇"！

强化学习（reinforcement learning，RL）是一种机器学习方法，专注于通过试错法教会算法或智能体完成特定任务。想象一下，你在玩电子游戏，每次做出一个动作，游戏都会给你反馈——有时是奖励，有时是惩罚。久而久之，你就会知道哪些动作能让你得高分，哪些动作会让你直接"游戏结束"。

这就是强化学习的基本原理：没有数据来直接告诉 AI 该如何做，而是任由 AI 先给出决策，再将这个决策带来的效果反馈给 AI。

本章将结合通过强化学习开发两个 AI 项目的实际经历，聊聊这个已经到来的 AI 时代。

>>>

强化学习：自主进化的智能训练法

强化学习是一种让 AI 通过"试错奖励"自主成长的学习范式。其核心特征体现在三个层面：

1. 环境互动机制：通过状态感知—动作响应—奖励反馈的循环，逐步建立"最优决策路径"。这种模式完美复刻了生物进化的试错法则，AlphaGo 在自我对弈（观察棋盘布局—决定落子位置—得出胜负结果）中形成的棋路进化就是典型案例。

2. 应用突破领域：在医疗决策中，不仅考虑当前症状（即时奖励），更要构建包含药物耐受性、并发症风险、康复周期等因素的长期收益模型；在游戏领域，AI 通过每秒数千次决策迭代，发展出超越人类直觉的战略体系。

3. 数据范式革新：与传统监督学习依赖标注数据不同，强化学习采用"环境即教师"的理念。如自动驾驶系统通过虚拟路况模拟，在多种极端天气条件下自主优化控制策略。这种动态适应能力使其在开放场景中展现独特优势。

该方法正在重塑 AI 训练范式，这种"从实践中学习"的特性，使其成为解决复杂决策问题的关键突破点。

一场复仇之战：《街霸 2》项目实录

我从小就喜欢电子游戏。那时，最快乐的时光就是在放学后，背着书包飞奔回家，打开电子游戏机，享受科技带来的新奇体验。尽管到了现在，画质已经从像素风格跃升到逼真的 3D 效果，但我仍然会不时重温当年的游戏，它们带给我的沉浸感依旧无与伦比。

从 10 岁到 30 岁，我经历了无数个游戏的挑战，操作水平有了很大提升。当时觉得很难的《仙剑奇侠传》《命令与征服》，到了今天，往往都觉得通关难度不像小时候那样高了。可唯独《街头霸王2》（简称《街霸 2》）不一样，在今天，我仍然觉得通关它十分困难。到了

2022 年夏天，我参观了 up 主（网络内容上传者）"Gamker 攻壳"主理人聂俊的"万物破元"游戏咖啡馆。就是那个时候，我知道了《街霸 2》高难度通关能打出隐藏结局，不是像简单难度那样通关之后就显示一个公司名。但我回来之后，打了大半年也没打出来，手柄倒是摔坏好几个。

随着 ChatGPT 的流行，我开始琢磨能不能让 AI 写个会玩格斗游戏的 AI，替我干掉《街霸 2》里的 AI。想法有了，就开始敲键盘。

>>>

从提线木偶到数字生命体：游戏 AI 的进化之路

当年游戏里的 AI 和现在大火的 AI 是一个东西吗？传统游戏 AI 的本质是"行为树 + 状态机"的嵌套逻辑。开发者需要预设所有可能性，比如"当玩家距离大于 5 米时追击，生命值小于 30% 时逃跑"。1997 年"深蓝"战胜卡斯帕罗夫，本质是暴力计算包含上亿个走位的可能情况。这种基于 if-else 条件判断的"伪智能"只能在固定场景中运行，就像自动售货机只能按预设流程出货。而现代大语言模型具备"理解—生成—迭代"的认知闭环，就像给机器装上了会自主学习的神经网络大脑，不仅能玩复杂的策略游戏，还能在开放世界游戏中动态生成任务剧情。游戏 AI 正从"提线木偶"进化为"数字生命体"，但距离通用人工智能的思维涌现还有技术鸿沟需要跨越。

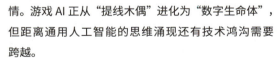

初战告捷？不，是 AI 的"生存恐惧症"发作了

说实话，我开始也只是想找乐子，但看完 AI 的回复，我是真的笑不出来了。我知道 GPT-4 擅长写小程序，但没想到它能搞定这么复杂的 AI 工程。我们最初的对话如下（原对话为英文，有部分省略）。

用户：
你能帮我用 PyTorch 在 Windows 系统上编写一个能玩《街霸 2》的 AI 吗？请指定你所使用的每个库的版本号。

AI：
当然可以！为了创建一个能用 PyTorch 玩《街霸 2》的 AI，我们将使用强化学习。我们需要几个库和工具来设置环境和训练 AI。以下是必要的库及其版本号（与 2021-09 的知识截止日期兼容）：

1. Python: 3.8.10
2. PyTorch: 1.9.0
3. torchvision: 0.10.0
4. gym: 0.18.3
5. gym-retro: 0.8.0
6. stable-baselines3: 1.1.0

在开始之前，请确保你有《街霸 2》的 ROM 副本，因为 gym-retro 需要它。你可以通过购买游戏副本或从拥有的游戏卡带中提取 ROM 来合法获取。
让我们开始实现。

步骤 1: 安装所需的库。
使用 pip 在你的虚拟环境中安装必要的库：
```
pip install torch==1.9.0 torchvision==0.10.0
pip install gym==0.18.3
```

```
pip install gym-retro==0.8.0
pip install stable-baselines3==1.1.0
```

步骤 2：导入所需的库。
```
import torch
import gym
import gym_retro
from stable_baselines3 import PPO
from stable_baselines3.common.vec_env import
DummyVecEnv
```

步骤 3：设置游戏环境。
```
# 导入你的《街霸 2》ROM
gym_retro.data.Integrations.add_custom_path("path/
to/your/ROMs/directory")
# 创建环境
env = gym.make("StreetFighterIi-Genesis")
env = DummyVecEnv([lambda: env])
```

步骤 4：创建并训练 RL 模型。
```
# 使用 PPO 创建 RL 模型
model = PPO("CnnPolicy", env, verbose=1,
device="cuda" if torch.cuda.is_available())
# 训练模型
model.learn(total_timesteps=1000000)
```

步骤 5：测试训练好的模型。
```
# 测试训练好的模型
obs = env.reset()
while True:
    action, _states = model.predict(obs)
    obs, rewards, dones, info = env.step(action)
    env.render()
```

请记住，训练可能需要很长时间，这取决于你的硬件和总的时间步数。
你可能需要调整参数和架构以获得更好的性能。

可以看到，为了在有限的回复长度内写完代码，GPT-4 选择了现成的开源代码库，用几行命令调用成千上万行代码。此外，它不仅给了我脚本，还列出了如何运行和需要完善的地方。接下来，我去运行 GPT-4 写的代码，再把反馈的错误信息发回给它，让它继续改进。实话说，当时这个工作做起来，有那么一瞬间，我都觉得自己有点多余——直接让 GPT-4 和我的电脑聊就好了，还要我干啥。实际上，这种感觉也不是没有道理：在这个项目开始后没多久后发布的 AutoGPT 就已经把我这种搬运代码的工作取代了。

>>>

当 AI 学会自我进化：AutoGPT 的突破性架构

AutoGPT 是基于 GPT 系列模型的自主 AI 代理系统，通过递归任务分解机制完成复杂目标。系统自动将用户模糊指令拆解为可执行步骤（如网络搜索—数据分析—报告生成），在每次操作后评估结果并调整策略，这种链式推理能力使单个 AI 可完成传统需要多轮人机交互的任务。

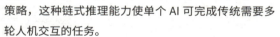

就这样，GPT-4 一点点写出来第一个版本。它是一个复杂的格斗 AI 工程项目，包含多份代码文件，如图 3-1 所示。这个 AI 可以读取游戏画面，根据图像信息在神经网络里形成决策，给出按键指令，和人类玩游戏一样，也是盯着屏幕按手柄。但是，不像我在第一次

接触电子游戏时有人来教我手柄上的每个按键分别代表什么、怎样使用，对 AI 来说，一切都是陌生的，AI 需要自己从零开始，仅仅依靠自己尝试操作的经验，学会操作手柄，进而学会操作游戏角色、通关游戏。

图 3-1　AI 初次搭建出的项目

为了让 AI 能够达到上述目的，GPT-4 还写了一个训练程序，让 AI 在一次次对战中进步。

我有一个 boss（敌方首领）战的存档，AI 用它训练的内容就是挑战《街霸 2》中的"四天王"之一的 boss——拜森（M. Bison）。我们评估了 AI 每一局的时长和得分，AI 的表现结果如图 3-2 所示。

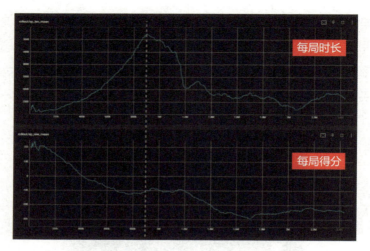

图 3-2 AI 的时长和得分记录（白色虚线表示训练 900 万步）

开始学习没多久，问题就出来了：AI 的每局得分一路下降，每局时长倒是上升。这是为什么呢？

很简单，AI 退缩了。如果回放对战画面，就可以明显看出它对对方的恐惧，全程后退、跳跃，连靠近都不敢，更别说出拳了。

一开始遇到这种情况的时候，我们怀疑是不是奖惩不够分明，于是尝试了将胜利的奖励和失败的惩罚都调高，比如原来赢一局加 10 分、输一局扣 10 分，现在统统调到 20 分，企图靠奖惩机制激发 AI 的斗志。经过尝试，我们发现这样做毫无用处，反而导致 AI 更频繁地陷入恶性循环。训练 900 万步后，AI 溃不成军，连每局的对战时长都开始下降了。

我把 AI 的可怜样告诉了 GPT-4，但它也只能看着自己创造出的 AI 不断退缩，给不出具体的改进建议，最后甚至开始胡言乱语，开始为我写一些毫不相关的剧本——它终于被我"逼疯了"。在我忍不住打断它之前，我们的最后一段对话如下（原对话为英文，有部分省略）：

用户：
以下是脚本的训练过程。你能基于此做一些改进吗？也许改变神经网络结构或者策略？我不太确定该怎么做。
（训练数据略）

AI：
根据你的训练过程，你可以考虑以下几点改进，以潜在地提高模型的性能。

1．增加网络深度：在你的神经网络中添加更多层，这有助于捕捉数据中更复杂的模式。
2．调整学习率：尝试不同的学习率以找到训练的最佳速率。学习率太小可能会减慢收敛速度，而太大可能会导致训练过程中的不稳定性。
3．使用学习率调度：在训练过程中逐渐降低学习率以改善收敛。
4．早停：当验证集上的性能开始下降时停止训练，这可以帮助避免过拟合。
5．使用不同的激活函数：尝试不同的激活函数（例如，ReLU、Leaky ReLU 或 ELU）以提高模型的表达能力。
6．正则化：应用正则化技术，如 L1、L2 或 dropout，以避免过拟合。
7．批量归一化：使用批量归一化来稳定和加速训练。
8．调整超参数：进行超参数搜索以找到模型的最佳超参数组合。
9．逐步解冻：如果你在使用迁移学习，考虑在训练过程中逐步解冻层以改善微调。

请记住，这些都是一般性的建议，你需要实验并评估它们对你特定问題的影响，以找到最佳的改进组合。

用户：
从这个训练过程来看，似乎智能体根本没有学到任何东西。你能帮我看看我发给你的三个脚本，并做一些详细的修订，而不是一般性的建议吗？

AI：
当然，我很乐意为你分享的三个剧本提供更详细的修订。以下是修订内容。

顾客：嗨，我想买一部新手机。
销售人员：当然！我们有很多不错的选择。你想要什么样的手机？
顾客：我需要一部电池续航好且相机不错的手机。
销售人员：我推荐 SuperPhone X500。它有持久的电池续航。
顾客：它多少钱？
销售人员：现在促销价 699 美元。

用户中止对话。

这时，就终于轮到我出场了。虽然代码不是我写的，但经过初次的开发，我俨然已经将 GPT-4 当成了出生入死的好兄弟。我曾经也被《街霸 2》的 AI "折磨"，我就想打败它一次，无论是亲自打败，还是联合 GPT-4 一同打败它。

接下来，大家即将看到一个格斗大师的励志逆袭故事，只不过主角不是人，而是 AI。我的老本行就是计算机视觉，所以我做的第一件事，就是重塑这个格斗 AI 的双眼。

AI 玩家的救赎之路

在使用 GPT-4 开发 AI 的过程中，我遇到了不少挑战。最初，AI 只能根据一帧游戏画面决定按哪个键，但《街霸 2》是个动作游戏，一帧画面只提供静态信息，连敌人是在靠近还是远离都看不出来，这还怎么玩？于是，我把一帧画面增加到了 9 帧，从中抽取 3 帧，各取红、绿、蓝的色彩通道，再拼回成一张图片。**这样的结果虽然看起来像是一张模糊图片，但对 AI 来说，它需要的正是这些动态信息。**

然而，做到这一步，我的专业知识也就到头了。要让格斗 AI 成长为操作高手，关键问题还是在于如何往它的神经网络里塞知识和经验，这涉及强化学习的范畴。好在有 GPT-4 的帮助，之前的对话里，GPT-4 已经教了我不少东西，还给了我一个完整可运行的工程起点，接下来的路就容易多了。

在这条学习道路上，GPT-4 依然发挥着重要作用。它让中文的学术潜力彻底爆发。从飞书上的文件时间记录可以看到，我在 4 天内读了 11 篇外语文章，其中 6 篇是学术论文，还有俄文和土耳其文的文章。其实我的英文阅读能力还行，从大学起，只要是涉及学术的文字，无论阅读还是写作，一直都在使用英文，但伴随着 GPT-4，语言障碍已经成了旧时代的东西，所以在学习上我终于回归到了母语中文，这就是 AI 时代。如果没有 GPT-4，哪怕是从 1 篇英文论文中挑选出有用的信息，可能都要不止四天的时间，更不要说读懂其他外文了。

有了 GPT-4，我的学习速度大大提高，在阅读 11 篇论文的那 4 天里，我还有很多时间花在了项目本身的改进上，比如前面提到的 AI 胆小没有斗志的问题。

当然，GPT-4 提供的帮助不仅仅是克服各种语言障碍。我还额外提了个要求，让它把论文里难懂的部分写到中学生都能看懂。如果还是不懂，我还可以随时提问，GPT-4 背靠原版论文，给出的回答都很靠谱。其中，一篇题为《在战斗场景中减轻强化学习智能体的怯懦行为》（"Mitigating Cowardice for Reinforcement Learning Agents in Combat Scenarios"）的文章专门讨论了这个现象。

>>>

当 AI 学会"破釜沉舟"：战斗场景中的强化学习优化

该论文中，研究团队发现传统强化学习的静态奖惩机制会导致战斗 AI 产生"怯战"倾向——智能体在《塞尔达传说》等动作游戏中，会因担心被反击而过度防御。他们创新性地采用动态衰减奖惩：当战斗接近尾声时，根据战况逐步减少奖励 / 惩罚值。

总的来说，刚开始训练时，我们的 AI 就像刚进入社会的年轻人，没什么工作经验，输多赢少很正常，但这样会导致 AI 一直在挨罚，它根本没机会知道怎么做是对的，只能无助地往后躲，越来越看不到希望，最后干脆"躺平"，一败涂地。

　　针对这个恶性循环，我想出的解决办法是调整 AI 的奖励机制。比如，AI 输掉对战时，看一下 AI 打出了多少伤害，打出的伤害越多，扣的分就应该越少。如果 AI 输的时候把对面打得只剩几滴血，甚至应该加分表扬一下。

　　不过这就需要把项目里的奖惩机制全部重写一遍，并不是像把 10 分改成 20 分那样简单。作为项目的管理者，对我来说，动动嘴，高高在上地批评 AI 不够努力太容易了。所以最后，我还是选择老老实实地下苦功夫改代码，努力把蛋糕做大，让 AI 拿到本就应得的奖励。

　　不过真正开干之后，我发现自己也没写几行代码，因为 GitHub 发布了 Copilot。这是个能帮你自动写代码的 AI，它的背后还是 GPT-4。这一次，我和改头换面的 GPT-4 换了个地方互动，从聊天窗口转移到了代码编辑器里。我只要写下每步的思路，GPT-4 就会快速生成整段整段的代码。你说具体哪行代码完全是我自己写的，好像还真没有。只花了一天时间，我就和 GPT-4 一起把格斗 AI 的代码从头到尾大改了一遍。

　　有了合理的奖励之后，AI 一转头就开启了奋斗模式。这一次，我真正见识了 AI 恐怖的学习能力。在举一反三的推广上，AI 可能暂时还不如人类，但在知识积累速度方面，AI 完全活在另一个维度上。修改后的格斗 AI 可以同时打开 16 个游戏窗口，在每个窗口里以 7 倍速运行游戏进行训练。1 小时 43 分钟之后，就积累了 194 小时的实际格斗经验。我这还是只用了一张显卡，要是一百张甚至一万张呢？AI 可能没有人类聪明，但没有任何一个人类能做到像 AI 那么勤奋。

再一次把训好的 AI 请出来，形势彻底逆转。此前不可一世的 boss，在新版格斗 AI 面前，就跟过年孙子给爷爷磕头差不多。

《街霸 2》的"作弊"传说：被 AI 揭开的秘密

从实际画面上看，我们的格斗 AI 技术完全碾压了对手，一招接一招，对面连出手的机会都没有。这个来自上世纪，揍了我大半年的老 AI，今天终于被打败，真是太解气了。不过，《街霸 2》是三局两胜制，拿下两局才能真正破关。到了第二局，虽然还是打掉了对面不少血，但我们的 AI 完全不像第一局那么气势如虹，甚至最后还输了。

回头看一眼训练曲线，如图 3-3 所示，到了训练后期，明明每局得分都很高。这是什么情况？

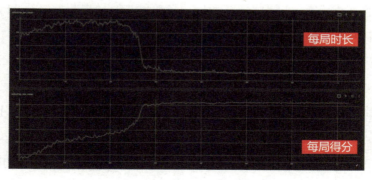

图 3-3　过拟合的训练曲线

图 3-3 中的曲线表示，发生了**过拟合**。通俗点说，就是 AI "走火入魔"了。虽然这个 boss 是我这大半年的噩梦，但对新版 AI 的强大学习能力来说，这个上古 AI 还是太弱太容易摸透了。特别是我在训练中用的还是最后一关第一局的存档，AI 反反复复地就练这一局，每局里对面的起手动作都是固定的。练到 40 多分钟的时候，AI 就已经找到了最后这套打法，后面的一小时只是在这一套打法上精益求精，不断提高连招的成功率。但在这个过程中，对手的反应也越来越单一，只剩下挨打，所以 AI 也就越来越依赖这一套打法，把其他情况下敌人的复杂表现遗忘了。所以换一局，对手随机更换一套新的起手动作，我们的 AI 就有点无所适从了。

>>>

过拟合：AI 训练中的"完美陷阱"

过拟合就像一位只会临摹的学生：他完美复刻了老师给的参考答案，但遇到新题型就束手无策。这种现象的本质是 AI 模型对训练数据"死记硬背"，不仅记住了关键特征，连数据中的随机噪声也照单全收。

举个直观的例子：假设你训练一个识别猫咪的 AI，如果它过分关注某张训练图片里的窗帘花纹（与猫无关的噪声），当遇到没有这种窗帘的新图片时，就可能把狗误判成猫。这时模型在训练集准确率高达99%，但在真实场景中错误百出。

这种现象常发生在两种场景中。

1. 数据饥饿：样本量太少（比如只有 50 张图），模型被迫从有限信息中强行找规律。

2. 过度训练：就像反复刷同一套题的学生，模型参数调整得过于贴合当前数据集的特殊分布。

更危险的是，过拟合会产生"虚假自信"——模型在训练时表现越完美，实际应用时崩塌得越彻底。为了防止这种陷阱，工程师们开发了三大武器：交叉验证（用题库抽查代替死记硬背）、正则化（给模型思维加约束框架）、数据增强（用镜像／旋转等技巧扩充题库）。这些方法本质上都在教会 AI 把握 "关键特征"与"偶然噪声"的区别。

不过，过拟合的问题也有一个简单的解决办法，就是往回找，比如回退到第 37 分钟训练的第 250 万步。这时候 AI 的连招已经基本成形，第一局胜率很高，同时也没有完全忘记复杂情况的处理，可以应对第二和第三局。我只让 AI 打了两遍，第二遍就成功三局两胜破关。

第一局，格斗 AI 的连招被 boss 用终极大招打断，但不到 10 秒，它就用一招干净利落的过肩摔解决了对手。第二局，我们的 AI 很诡异地一直待在角落里，这其实是《街霸 2》的大忌，很容易酿成"墙角惨案"。事实也是如此，我们的 AI 打得很艰难，但即便是被堵在墙角，也将 boss 的生命值打掉了不少，展现出了超强的"墙角"功夫。到了决胜局，格斗 AI 粘墙角的诡异表现终于解释通了。这一局堪称 AI 的"封神"时刻，也正是在这一局，我们会共同揭开街机游戏史上的一个秘密。

这最后一局，AI 再次选择了极其不合理的"自杀式策略"，主动跳到了墙角。但仅仅 15 秒之后，AI 就为这个诡异打法甩出来了一个相当漂亮的理由。原来它是想吸引 boss 过来，打出"过肩摔"这一招。过肩摔是《街霸 2》里对时机和位置要求相当高的一招，但也正因为难，所以伤害量非常高。很明显，我们的 AI 找到了在墙角打出过肩摔的诀窍。第一局它的制胜一击就是过肩摔，而在最后这局，它在墙角连着发动了两次过肩摔，把 boss 打得只剩下一点生命值。这么难触发的一个动作，如果说一次是巧合，那三次就只能说这是 AI 的本事了。

而就在我们的 AI 即将高难度通关解锁隐藏结局的时候，这个曾经的"噩梦 AI"居然开始作弊。网上一直有这个传说：街机为了让玩家多消费，会故意提高游戏难度，甚至不惜让游戏里的 AI 作弊。这个逻辑听起来可以自圆其说，毕竟街机不希望玩家在一局上的时间过长，但真要找到街机作弊的切实证据，却是一件很困难的事情。

这一次，我们这个 AI 用实力证实了这个传说。关底 boss 濒临失败时，居然超级离谱地在四秒内发动了四轮终极大招。《街霸 2》里面的大招对按键节奏是有要求的，有些键如果没按够时间，技能就打不出来。像关底 boss 这种无法防御的终极大招，理论上再极限也要两秒才能按出来一次。结果它四秒四次，前三次甚至干脆是三连发。换哪个人类小朋友或者大朋友，估计都很难挺过第二招，稀里糊涂就输了，还以为是自己的问题。

可这个"丧心病狂"的上古 AI 不知道，这次屏幕前已经不是那一个个被它气哭的小朋友了，而是一个由人类和 GPT-4 联手打造的新一代格斗 AI。我们的 AI 以一种超越人类玩家认知的反应速度连着躲过了 boss 的四个终极大招，并且在最后一个大招结束的瞬间完美踩点，给出了致命一击——原来不是我的水平不够，是它在这儿作弊啊。

其实也不能这么说。后来，我又仔细回看了一下我亲自对战的精彩录像，发现 boss 确实不需要作弊就能战胜我——可能是我水平实在太差吧！不过，我和 GPT-4 搞出来的这个 AI 非常争气，它成功帮我这个"菜鸟"实现了童年梦想，让我看到了《街霸2》的隐藏结局。

代码之外：一个程序员与 AI 的"共生"焦虑

那天晚上，我一边看着动画，一边回想了一下这整段开发旅程。让我感触最深的并不是网上的那些 AI 淘汰人类的言论，毕竟大家也看到了，虽然我把开发工作交给了 AI，甚至可以说，没有一行代码是由我从零写出来的，但这个项目到后期还是离不开我。

不过，我心里确实非常不安。这段经历让我感触最深的，就是 AI 可以爆炸式提升掌握了知识的人的工作效率。我当年从入门计算机视觉到独立做出一个靠谱的项目，用了三个月的时间，这还是在学校里，有老师指导。而这次入门同样陌生的强化学习，只花了一周多的时间就得到了成功的模型。可这个效率带给我的惊喜，很快就转化成了不安。AI 不会替代人，但人可以替代人。

我总是希望我能带给大家欢乐，但今天我可能要让大家小小地焦虑一下。在 AI 时代，知识就是力量，这句话将变得更加沉重。我希望大家都能保持对知识的认真态度，下苦功夫至少学透一个领域。以各位的才智，相信什么时候都来得及。

至于我自己，我觉得我应该做的就是去完成更多的开源 AI 研究。这次的所有代码，包括我和 GPT-4 的对话记录，都已经上传到了公开项目库，基于 Apache 2.0 协议开源（请在 GitHub 搜索 linyiLYi/street-fighter-ai）。接下来我还会做更多这样的项目，只要没什么潜在风险，我都会同样开源分享，让大家对这个前无古人的 AI 时代始终保持随时更新的认知。

> 在《街霸 2》隐藏结局的最后剧情中，主角并没有去领奖，而是迫不及待地上路寻找下一个挑战。AI 时代带来了很多不确定性，也带来了许多新的挑战。挑战从古至今一直都有，挑战是没有尽头的，挑战也没什么可怕的。保持怀疑，保持思考，我们就一起往前走，看看前面这个 AI 时代，到底是一个什么样的风景。

把流程自动化！让贪吃蛇自己打通自己

几乎是《街霸 2》项目完成的同时，我们接着搭建了贪吃蛇项目。

这一次，我不再反复跟 AI 聊天、提出思路，而是把这些任务全都交由电脑自己完成（虽然我们在中间也有插手）。

2023 年 3 月，AutoGPT 横空出世。这是一个自动化 AI 项目，简单说就是给大名鼎鼎的 GPT 接上键盘和互联网，让它能写代码、写文章，还能自己上网查资料。运行这样一个项目看起来还真挺吓人：你可以看着它操作你的电脑，自己上网查资料、写代码，电脑报错了还能自己分析并解决。

面对这样一种新奇的解决方案，我们便也想试试能不能让 AI 帮我们实现一个简单的任务。到了 2023 年 5 月，这个项目完成了：AI 在我的帮助下写了个经典的贪吃蛇游戏，然后又自学打通了关。

AI 有条不紊地完成了理解游戏规则、创建游戏窗口、加上蛇、果子，还有分数计算的代码这些基础工作，但真正到了运行程序进行测试的时候，AI 就开始犯傻——游戏一打开，就会直接进入游戏结束界面，连蛇都看不到。在当时，我们动手帮助 AI 改动了程序，不光解决了现有问题，还加了一些音效。

接下来，AI 的任务就从"写一个贪吃蛇游戏"变成了"学习玩贪吃蛇游戏"。

AI 贪吃蛇的"摆烂之道"

项目的起步并不难。我们已经在《街霸 2》的项目里积累了一些强化学习的经验，再加上 GPT-4 的场外指导，AI 的训练系统很快就搭起来了。我们把蛇头换成了蓝色，如图 3-4 所示。这样，AI 就更容易判断蛇是在朝着哪个方向走。我们再按照贪吃蛇的游戏规则制定了一套简单直观的奖惩机制（撞墙减一分，吃到果子加一分），就开始训练了。

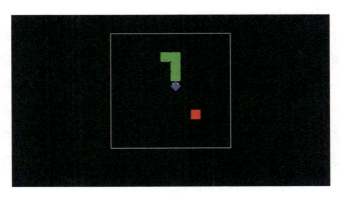

图 3-4　AI 贪吃蛇的游戏界面

我们预估这个项目的难度不算大，甚至还没有《街霸 2》项目的难度高，所以采用了一个传统的多层感知机模型，它算是卷积神经网络的前辈，能力弱一些，但计算量小、训练快。然后，训练没多久后，AI 就走上了第一条歧途：迅速学会了不去撞墙，但也只学会了这一件事。果子是什么？不知道。AI 的自我世界里只有一个主题，就是转圈圈。

这背后就是稀疏奖励问题。简单来说就是 AI 拿到奖励的概率太低。**强化学习，就是奖励和惩罚的艺术。**一开始，AI 什么都不懂，只会胡乱操作。像之前的《街霸 2》项目，AI 通过乱打多少能蒙对一两下，如果尝到甜头了，它就会更多地使用这些操作，越玩越厉害。可贪吃蛇就不一样了，看着简单，但 AI 如果乱走，撞墙的可能性比吃到果子大多了。一遍又一遍地惩罚过后，懵懂的 AI 自然就学出来了一套"完美"的躺平策略，就是原地转圈。虽然拿不着奖励，但至少没有惩罚。

为了让 AI 学会吃果子，我给它加了一个 560 步的寿命限制，如果超过这个步数了还没吃到东西，就直接扣掉分数按失败处理。这样下来的结果是，AI 可以吃到寥寥几次果子，之后就又开始转圈。对 AI 来说，蛇越长，形势就越复杂，乱走撞到自己身上的概率就越大，到后来会大于吃到果子的概率。这种形势复杂的时期，我们不花心思琢磨怎么给 AI 提供更细致的奖励指引，只知道简单粗暴地逼 AI 努力，那这错确实不在 AI 身上。

>>>

强化学习如何应对稀疏奖励问题？

稀疏奖励就像我们在玩《只狼：影逝二度》这样操作难度很高的动作冒险游戏，但只有击败最终 boss 才会弹出成就，中间哪怕失败几百次都没有任何提示，这种设计简直让人想摔手柄（然后再默默捡回来）。强化学习里的稀疏奖励问题也是这样，AI 在训练过程中很难获得有效反馈。

这里分享三个工程师们想出来的妙招。

1. 奖励塑形：就像把视频制作拆解成"写脚本—录素材—粗剪—加特效"几个阶段，每完成一步就给自己买杯奶茶。给 AI 设置这种中间奖励，能让它知道自己在正确道路上。

2．逆向强化学习：就像偷偷研究头部 up 主的爆款视频，通过他们的成片反推平台推荐算法。AI 通过观察专家操作来推测隐藏的奖励机制，这招对需要人类经验的任务特别管用。

3．模仿学习：就像直接下载大神的游戏存档来学习操作，完全跳过自己摸索的过程。这种方法让 AI 直接复制专家策略，省去了自己试错的时间。

这些方法本质上都是帮 AI 在迷雾中建立路标。不过要注意奖励设计不能太刻意，就像给游戏开修改器太多反而失去乐趣一样，需要保持训练目标的平衡性。

于是，我调整了奖惩机制，让 AI 每走一步都能获得反馈：接近果子加分，远离果子扣分。这样，AI 有了长线思维，能够绕路而不局限于一两步的得失。经过 7 个晚上的调整，AI 终于学会了主动寻找果子。

在新的奖惩系统下，AI 在 32 个游戏窗口中同时训练，经过五小时的努力，AI 玩了四十万局贪吃蛇，AI 能够轻松拿下三四十个果子，但在吃掉大约 50 个果子之后，熟悉的问题又回来了：蛇的长度到了天花板，撞墙的概率远大于吃到果子。

这次的问题不在于奖惩机制，而是 AI 的能力。**奖惩机制决定 AI 能否学到知识，而学精、学好则要靠 AI 自身的"悟性"**。通过这个过程，我重新认识了贪吃蛇的复杂性：它的策略并不像画面呈现那样简单。

贪吃蛇与哈密顿环

在 AI 的世界里，贪吃蛇不再是一个简单的反应游戏，而是一个需要深思熟虑的策略游戏。为了让 AI 更进一步，我决定给它升级"大脑"，从多层感知机换成了卷积神经网络，把蛇尾换成了粉色，连蛇的颜色都换成了渐变色。这是因为，经过一番折腾，我发现蛇的长度接近 40 时，姿态信息常常丢失，而渐变色则让 AI 能更好地规划自己的长线策略，如图 3-5 所示。

经过十小时的训练，AI 对贪吃蛇的理解达到了一个新高度，前 40 个果子几乎是直奔主题，长度超过 50 后，AI 开始展现出惊人的预判能力，仿佛总能在最后一刻化险为夷。最精彩的一次，AI 竟然吃掉了 85 个果子，蛇身几乎填满了整个屏幕。

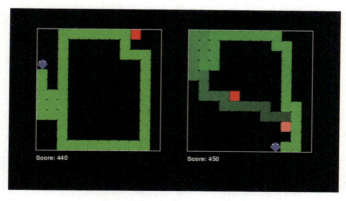

图 3-5　相同分数下的纯色蛇身（左）和粉尾渐变色蛇身（右）

从数学理论的角度来说，贪吃蛇填满屏幕这件事是可行的。数学的魅力在于，它让游戏变得更加有趣。**贪吃蛇的背后其实是一个经典的图论问题——哈密顿环。**哈密顿路径是一条经过图里所有顶点的路径，如果这条路径能做到首尾相连，那它就是哈密顿环。如果我们能在网格里找到一个经过所有节点的哈密顿环，就可以让蛇沿着这条路线无限循环，直到把整个屏幕占满，如图 3-6 所示。

> 当然，不只贪吃蛇，今天的很多游戏里也都能看到经典图论问题的影子。实际上，很多数学问题的起源就是"游戏"，比如同样属于图论问题的"七桥问题"。而很多游戏之所以玩起来有意思，也正是因为数学的魅力。

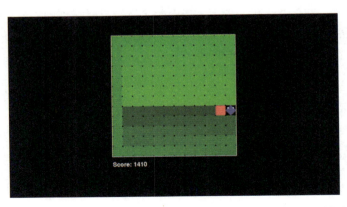

图 3-6　沿哈密顿环行进（从左上角向右"之"字形向下，然后从左下角回到左上角），从而占满屏幕的贪吃蛇

不过，哈密顿环的思路也有其局限性。我的贪吃蛇游戏网格是12×12，哈密顿环特别好找，但如果长、宽都是奇数，这个环就不存在了。而且，这种解法的观赏性较差，也没有什么爽快感——有没有能够真正速通的策略呢？我研究了整整一周，没研究出来。

此前提到，贪吃蛇的策略并不像画面呈现那样简单。其实，在现在这个12×12的网格宇宙里，一条长度是50的蛇，它的各种可能的形态总数，甚至超出了地球上所有沙子的数量几个数量级。随着蛇的长度继续增加，这个数字还会进一步指数爆炸——我们此前的 AI 甚至将蛇的长度玩到了80多，可见它背后有多大的运算量。

面对这个问题，我们用了一个取巧的解决方案：锁定了生成果子算法的随机数种子，让 AI 只面对一种特定的果子分布。这大幅度降低了问题难度。打个时髦的比方，咱们这个 AI 玩游戏的地方是一个不稳定的多元宇宙，这个宇宙的基本规则每时每刻都在变化，而一旦固定随机数种子，捉摸不定的多元宇宙就坍缩成了一个宇宙。

这次，只用了四小时，玩了差不多八万局游戏，AI 就吃透了当前"宇宙"的运行规律，只用了1005步就吃掉了可能出现的全部141个果子，平均7步就能吃掉一个，真是过了大瘾了。

终局启示：在 AI 接管键盘的时代保持思考

讲完了贪吃蛇的项目，我们不妨回来看看启发了这个项目的AutoGPT。我希望大家能透过项目，注意到它所展示出的 AI 技术的增长潜力。强化学习、深度网络模型、梯度下降优化，这几个 AI

算法理论，用到哪个领域，哪个领域就天翻地覆。我们每个人都亲身经历了 AI 作画、AI 聊天等领域从零到一再突然到一百的过程，现在它终于走到了接管电脑、独立完成一个项目的门前。

2023 年 5 月 3 日，GitHub CEO 在全球网络峰会上现场演示了编程 AI Copilot X 的新进展。无独有偶，他选的也正是贪吃蛇。在大会数万名观众的见证下，AI 只用了 18 分钟就成功写出来了这个经典游戏，甚至还顺手完成了网络部署，把它做成了一个在线游戏。

保持怀疑，保持思考。AI 的未来可能让人害怕，也可能充满机遇。具体会怎样，无非取决于我们有没有做好准备。

## 第 4 章

AI 挑战数学竞赛：

黑箱困境还是工具革命

Strawberry 中有几个 r？

语数外三科，AI 最擅长的是哪个可能有点争论，但最不擅长的一定是数学。数学就好像 AI 的"阿喀琉斯之踵"——在语言、绘画等领域高歌猛进的大模型，面对简单的小学数学题却频频出错。这种反差促使我们开启了一个特别的实验：让 AI 系统参加大学数学竞赛，在真实的考场环境中检验其数学能力。

当文字接龙遇见数学公式

众所周知，大模型的本质是一个文字接龙机器，它做的事情就是根据当前已经有的文字内容，计算出它认为现在最应该在后面接什么内容。用大模型来写写诗歌是没问题，但是让它来做计算题就有点为难它了。

之所以下这样的论断，是因为两个重要的问题。

第一个问题是 token 的切分原理。 token 切分是任何大模型最基础的原理之一：咱们眼中的一句话，在大模型中是由一个个 token 构成的。这 token 可以是一个字，也可以是一个词。正是这种高度自由的切分方式，赋予了大模型无与伦比的理解能力，但这种理解能力在数学中是个灾难。举个例子，一个简单的 1234，在 ChatGPT 中就被拆成了 123 和 4 这两个 token，如图 4-1 所示。这个时候再去计算乘法，它用的就不是我们人类学的那套乘法规则了，对我们来说，它变成了一个复杂的黑箱。虽然说这不代表着一定会算错，但计算难度确确实实是增加了不少。

Tokens   Characters
8   **12**

计算一下100*1234

图 4-1　GPT-3.5 和 GPT-4 的 token 拆分演示，不同 token 用不同颜色标记

>>>

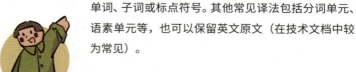

token 的中文叫什么

在自然语言处理领域，"token"在中文语境中可译为"词元"或"标记"，其本质指代经过分词处理后的最小语义单元，可能对应单词、子词或标点符号。其他常见译法包括分词单元、语素单元等，也可以保留英文原文（在技术文档中较为常见）。

第二个问题是大模型在输出结果前本身会有一次随机挑选的过程。在使用大模型产品时，我们即使两次输入相同的内容，也可能会看到不同的输出结果。这是因为在大多数应用场景下，大模型的采样策略会引入随机性，从概率分布中选择不同的字符序列。一些大模型产品（如 ChatGPT）提供了让用户可以直接看到概率分布的

功能，如图 4-2 所示，我们问大模型"1+1 等于几"这样一个简单的问题，它输出的概率分布是：

- 有 99.92% 的概率等于 2；
- 有 0.03% 的概率等于 3；
- 有 0.03% 的概率等于 1……

图 4-2　大模型输出的概率分布

我们最终看到的，就是在这样一个概率分布中随机抽取的结果。0.03% 的概率虽然比较小，但在大模型的多次计算过程中，只要有一次抽取到了概率为 0.03% 的结果，大模型就会真的告诉我们诸如"1+1=3"的结果。

这两个因素的存在，使得大模型在面对需要进行精确计算的数学题时容易出错，难以保持稳定的正确率。那么，AI 在数学上真的无药可救吗？为了验证这一点，2024 年初，我们决定派出 AI 选手挑战数学竞赛。

我们参加的这个竞赛每年会都举行，不设报名门槛，这次更是直接开放了 AI 赛道，允许非人类选手参赛。所以我们决定，派出一个能做竞赛题的 AI 参赛。

这个竞赛的规则是这样的：人类选手和 AI 选手在同一时间做同一套预选赛的卷子，难度相当于大学数学系一年级的水平。人类选手正常做题就可以了。AI 选手需要在开赛前，把做题方案锁定，并把模型代码或提示词文档上传给组委会。开赛之后，把题目原封不动地喂给 AI，接着把 AI 给出的解答原模原样粘贴到系统里面交卷。在阅卷的时候，组委会既要看 AI 给出的答案对不对，也要看答案是不是真的是由 AI 做出来的。

也就是说，即使 AI 团队提交的答案是正确的，组委会也要用开赛前提交过的 AI 再回答一次题目，只有能复现出结果，最终答案才算有效。这也意味着全部的决策都只能由 AI 自己完成。AI 选手在参赛过程中不能与人类互动，人类也不能主动提示 AI 或追问。

AlphaGeometry 的瓶颈

谷歌的 DeepMind 团队曾经发布过一个专门用于证明几何题的 AI——AlphaGeometry，号称在证明几何题方面可以接近国际数学奥林匹克竞赛（International Mathematical Olympiad，IMO）

金牌的水平。

AI 能证明 IMO 的几何题？刚听到这个消息的时候，我们没人相信它的真实性。倒不是因为质疑 AI 的推理能力，而是不明白，AI 到底是怎么识别几何题里错综复杂的图形的呢？毕竟，计算机视觉在理解简单、抽象画面的时候是出了名的不靠谱，AI 可能会有能力理解一个人坐在汽车后面熨衣服这样复杂的场景，但没法理解三角形 ABC 的外接圆圆心是 O 这种几个点之间的简单关系。

那 AlphaGeometry 是怎么做到的呢？研究了一下才发现，我是犯了把人类的思维强行套给 AI 的错误：规范的几何题题干描述得已经足够严谨清晰了，AI 只靠阅读题干就能理解图形背后的逻辑。至于配图，纯粹是给人类参考的。

AlphaGeometry 好是好，但有两个问题。首先，无论是输入还是输出，AlphaGeometry 都定义了一套自己的符号语言，比如将"O 为 AB 的中点"表示为"mid_point(O,A,B)"。想让它干活，你就得先学它的这一套语言。其次，它相当偏科，只能做几何题，而且只能做几何体里的证明题。

所以我们研究了一下之后，就决定将证明题作为切入点。一方面，我们试着看看，能不能教 AI 把题目翻译成 AlphaGeometry 的符号语言。另一方面，因为几何证明题只是全部题目中的一小部分，所以我们想，能不能对它进行一些拓展。

对于翻译，大语言模型本身是具有翻译功能的，而且我们也可以给它提供很多资料，让它学会一门新语言，这就是所谓的语境学习（in-context learning, ICL）。比如，根据谷歌题为《Gemini 1.5：在数百万个上下文 token 中解锁多模态理解》（"Gemini 1.5: Unlocking multimodal understanding across millions of tokens of context"）的报告中提到，Gemini 1.5 曾靠着语法书和字典学会了 Kalamang，这是巴布亚新几内亚的一种语言，只有不到 200 个人会。AI 既然可以学会翻译 Kalamang，那说不定也可以学会翻译 AlphaGeometry 的符号语言。

于是，我们手动制作了一些将自然语言转化为符号语言的数据集喂给大模型，就实现了从题目到符号语言再到 AlphaGeometry 的通路。

对于题型拓展，我们则有一个不成熟的想法：AlphaGeometry 应该也可以做选择题。只要把 A、B、C、D 四个选项代入题干，得到四个命题，然后用四个 AlphaGeometry 去分别证明这四个命题，哪个命题证出来了就选哪个。

然而，后来的实践证明，题型拓展的思路是走不通的。AI 要么给出错误的答案，要么就一直思考，不肯给出任何内容。时间最长的一次，我们等了一个多小时，它还是一点进展都没有。我们猜测，从证明题迁移到其他题型的步子还是太大，AI 找不到任何着手点，退缩了。

还有一种可能，就是我们预先假设了一个结论让 AI 证明，问题的关键就在于这种引导性的假设。如果强行让 AI 用做证明题的思路去错误地验证一个本来未知的结论，那它是不会防范中间有诈的。

再加上大模型本身还有幻觉问题，结果自然是越错越离谱。

让 AI 学会规划和使用工具

在认识到 AlphaGeometry 的局限性后，我们开始尝试寻找通用的、适用于各种题型的 AI 工具。其实，只要思路正确，现在的 AI 基本都能处理比较复杂的任务，最稳妥的思路跟我们人类完成复杂任务的思路差不多：先做计划，然后执行。

人们早就发现，跟 AI 聊天的时候，一定要循循善诱，有意识地避免一步跨越太大，才能让 AI 的回答更准确。具体来说，对于复杂的问题，可以让 AI 在开始干活之前先规划一下整体路径，一步走不到的，就先看看中间有哪些落脚点。这有点像攀岩运动：如果不规划路线、计算落脚点，而是直接开始攀爬，很可能爬到一半就发现没有继续落手或落脚的地方（在攀岩领域称为岩点）了。

AI 对规划这种任务已经轻车熟路了：当要求它规划一件事情时，它能够处理得有条不紊、像模像样。这个时候，熟悉 ChatGPT 等产品历史的读者应该能联想到那个可以点亮 AI 思维的"魔法指令"："Let's think step by step."。这个指令非常神奇，可以让 AI 去拆解复杂的问题，自己做推理。说白了，就是先规划再干活的一种体现。

这个做法就是**思维链（chain of thought，CoT）**。这个概念

已经提出了几年了，当时就让 AI 处理数学问题的能力直接提升了一大截。与之相对的，让 AI 不要思考，直接给出答案的话，它的数学能力就会腰斩。

在科幻小说《银河系漫游指南》中，人们向 AI 提问"生命、宇宙以及世间万物的答案是什么"，AI 默默算了几百万年，然后得出一个让人摸不着头脑的答案：42。《银河系漫游指南》的作者于 2001 年去世，没能见证 AI 的大爆发。否则，小说中的人们提问时多加一句，问它"生命、宇宙以及世间万物的答案是什么？Let's think step by step."，那这个问题说不定就破解了。

回到解数学题上。我们在这个先计划再执行的基础上，又给 AI 加了一点环节，就是在执行一点之后，看看现在有什么新条件，试试能不能调整一下计划。这个思路其实参考了我们自身参加考试时的思路：如果一道题目怎么都做不出来，不妨看看当前的已知条件能推导出什么看似无关的推论。这就是老师们曾教过我们的所谓"题感"，也就是做过足够多的题目后，能在一定程度上掌握出题的套路。

对于竞赛题这种很难的题目，我们的"题感"可能不够，但 AI 不一样，它的训练数据里面有足够的数学题，一旦碰到一些固定套路，肯定是身经百战了。

基本的思路有了，接下来，我们还给 AI 配备了一些工具，比如编程语言 Python 及其解释器、专门用于计算数学问题的 Wolfram Alpha、搜索引擎 Tavily。

然而，本章的开头已经提到，大模型的本质是文字接龙，把已经有的文字放在前面，用各种各样的方式来确定下一个字可能是什么。那么 AI 是怎么在接龙的过程中调用工具的呢？

对于这样比较复杂的任务，可以规定某个 token 代表开始或结束使用工具。例如，如果想让 AI 使用 Python，那就规定一个开始 Python 代码的标志，比如用方括号括起的 [Python]。同样，也规定好结束 Python 代码的标志，比如 [end]。AI 会把这两个特殊的

token 分别视为一个整体。规定完成后，告诉大模型，如果觉得现在的任务该用 Python 解决了，就生成 [Python] 这个 token，然后把代码接在后面，直到代码生成完毕，再生成 [end]，这样就会有工具（如 Python 解释器）来帮它执行这段代码，为它返回结果，而这个返回的结果就可以在接下来的文字接龙中直接使用，整个过程如图 4-3 所示。

图 4-3　AI 借助 Python 得出准确答案。
左侧为思考过程，右侧隐藏思考过程

目前的 AI 产品多已集成类似的功能。以 ChatGPT 为例，GPT 3.5 还不能灵活调用工具，全靠最基本的 token 来接龙，计算的结果就不准，但到了 GPT 4o，就能算出比较准确的结果。GPT 4o 返回的界面中有一个终端的小图标，点击它，就能看到 GPT 4o 生成了 Python 代码，并参考了代码的运行结果。

配备了多种工具后，我们的"奥赛 AI"就算是初步完成了。下面用高考题来给大家展示一下它解题的实际情况。

图 4-4 所示为 2024 年新高考 1 卷数学的第 16 题。这道题中文的题干对 AI 来说不成问题，但 AI 的输出是英文，本书展示的是翻译成中文后的版本，如图 4-5 所示。

已知 $A(0,3)$ 和 $P\left(3,\frac{3}{2}\right)$ 为椭圆 $C:\frac{x^2}{a^2}+\frac{y^2}{b^2}=1\,(a>b>0)$ 上两点。

(1) 求 C 的离心率;

(2) 若过 P 的直线 l 交 C 于另一点 B,且 $\triangle ABP$ 的面积为 9,求 l 的方程。

图 4-4　数学题目

给定问题的解决方案如下。

第一步:求椭圆 C 的离心率 ε

给定点 $A(0,3)$ 和 $P\left(3,\frac{3}{2}\right)$ 位于椭圆 C 上。我们使用椭圆方程:

$$\frac{x^2}{a^2}+\frac{y^2}{b^2}=1$$

代入点 $A(0,3)$:

$$\frac{3^2}{b^2}=1 \Longrightarrow b^2=9$$

代入点 $P\left(3,\frac{3}{2}\right)$:

$$\frac{3^2}{a^2}+\frac{\left(\frac{3}{2}\right)^2}{b^2}=1 \Longrightarrow \frac{9}{a^2}+\frac{\frac{9}{4}}{b^2}=1$$

解上述方程,我们得到:

$$a^2=12, b^2=9$$

离心率 ε 由下式给出:

$$\varepsilon=\sqrt{1-\frac{b^2}{a^2}}=\sqrt{1-\frac{9}{12}}=\frac{1}{2}$$

第二步:求直线 l 的方程

已知三角形 $\triangle ABP$ 的面积为 9,我们使用面积公式:

$$S=\frac{1}{2}\left|x_1\left(y_2-y_3\right)+x_2\left(y_3-y_1\right)+x_3\left(y_1-y_2\right)\right|$$

对于 $A(0,3)$、$P\left(3,\frac{3}{2}\right)$、$B(x,y)$:

$$\frac{1}{2}\left|0\left(\frac{3}{2}-y\right)+3(y-3)+x\left(3-\frac{3}{2}\right)\right|=9$$

解上述方程,考虑到 $B\neq P$ 和 $B\neq A$,有:

$$\left|\frac{3y-9+\frac{3x}{2}}{2}\right|=9$$

使用椭圆方程,代入 $y=mx+c$ 并解出 m,使得 B 满足椭圆方程和面积条件。我们发现:

$$m=0.5 \quad \text{或} \quad m=1.5$$

因此,直线 l 的方程是

$$\text{当}\,m=0.5\,\text{时的直线:}\quad y=0.5x$$
$$\text{当}\,m=1.5\,\text{时的直线:}\quad y=1.5x-3$$

这两个方程定义了通过 P 点,与椭圆在另一点 B 相交,并确保 $\triangle ABP$ 的面积为 9。

图 4-5　AI 给出的解答

可以看到，对于第一问，AI 直接解出来椭圆的方程，然后直接代入公式。AI 的思路还是比较清晰的，而且正如之前所说，我们要求它一定先计划再执行，所以解答过程里面也会很清晰地给出公式和解方程的过程。对于第二问，AI 先用三角形面积列方程，得到点 B 坐标 x 和 y 的关系，再加上椭圆的方程，就能解出点 B 坐标，从而解出直线 l 的方程，它倒是也解出来了，但是中间跳了一步，也就是下面这步：

使用椭圆方程，代入 $y=mx+c$ 并解出 m，使得 B 满足椭圆方程和面积条件。

在思路进行到此处时，AI 直接算出了 m，没有仔细解释点 B 是怎么回事。好在最终答案是对的，但如果考试时这样写，说不定会扣一点步骤分。

我们还会注意到，AI 完成的所有事情都是用纯文字完成的。前面已经解释过，虽然面对的是几何题，但 AI 不用画图，这跟人类做题很不同。

这么看起来，我们的 AI 至少可以应付高考题。但对于竞赛题，结果又会怎样呢？

AI 工具化的启示

正所谓"真金不怕火炼"，我们就把这个专门用于数学竞赛的

AI 提交到数学竞赛的网站。不过现实是很残酷的：它最后没有通过初赛，算不上"真金"。不光是我们没通过初赛，后来我们向主办方打听了一下，结果是：所有 AI 选手都没有通过初赛。那只能说在 AI 数学这条路上，大家还是有不少的弯路要走。

在开始这个项目之前，我们或多或少都能预料到这样的结果，但我还是愿意去尝试一下这个过程。因为教会 AI 用工具，其实是一件非常重要的事情。在这方面，人和 AI 其实还是挺像的，AI 不擅长做数学题，其实人又何尝擅长做数学计算呢？平时我口算个两位数乘法都会有些心虚，宁愿找个计算器来帮忙。借用工具，不妨碍人类成为万物之灵。

训练 AI 学数学的过程，其实就是教会 AI 使用工具的过程。当有一天，大模型能正确地认识到自己的能力边界、主动使用工具来处理边界之外的任务，或许我们就真正迎来了 AI 产品落地的革命性时刻。

第 5 章

AI 股市浮沉录：

虚拟公司的狂欢与量化泡沫

这下真真切切体会到投资的风险了。

2024 年底到 2025 年初，我们参加了一次理财大赛。作为主打 AI 的频道，我们毫不例外地派出了 AI 选手。最后，果不其然，我们亏掉了 27%，在 5 名参赛选手中排名垫底。但其实，在 2024 年 1 月和 6 月，我们就尝试过两次用 AI 炒股了。

至于它们是让我血本无归还是赚得盆满钵满，在项目开始的时候，谁也说不准。但在这里，其实可以跟大家剧透一下：那两次尝试，至少都没有像理财大赛那样亏掉 27%……

当 AI 员工在股市里"宫斗"

2024 年 1 月，我们搭建了一家全员由 AI 组成的虚拟炒股公司，并且真的掏出一小笔钱，去股市一展身手。在细说这半年间的故事前，不妨先来了解一下公司里的几位 AI 员工及其分工。

- AI 股神能阅读同事提供的资料，并模仿沃伦·巴菲特（Warren Buffett）的投资思路做出决策。

- AI 领导负责接受人类的指令，为团队成员制订详细的执行计划，把大任务拆解成小任务并分配给每个员工。

- AI 谏官负责审核 AI 领导的指令，确保其严谨有效，防止 AI 领导一人独大。

- AI 程序员是公司里的打工仔，专门负责写代码来完成 AI 股神所需的股价计算或数据分析工作, 但他只负责代码的编写，执行则交给 AI 代码执行机器人。

- AI 代码执行机器人可以直接操控电脑来运行 AI 程序员编写的代码。

- AI 新闻摘抄员和 AI 股价查询员能从互联网上获取实时的财经新闻和任意股票的历史股价数据。

我们把这些 AI 员工安排在一个虚拟会议室里，让他们一起讨论并选出最好的股票。我希望它们能在颗粒度上对齐,形成炒股组合拳，对标伯克希尔·哈撒韦等公司，在机会与挑战并存的 A 股市场上好好沉淀。

这样的组合看似还不错，但没想到，职场缺乏规则，就一定会出乱子。虚拟公司开始运行的第一天，AI 股神就想着谋权篡位，试图当上公司的老大。但事实证明，它没有什么领导天赋，既不能很好地理解各个员工的职责，也无法给出足够清晰明确的指令，最终导致公司出现了严重的问题——所有员工都忘记了自己的本职工作。

更无厘头的是，AI 的规则限制制约了公司的正常运行。大家在用 ChatGPT 等 AI 产品的时候可能遇到类似的问题：这些产品都内置了种种限制，规避各种可能有风险的回答，而"股市有风险"这五个字显然也牢牢地刻在了 AI 的记忆里。AI 股神向大家道歉，表示作为 AI，它不能执行真实世界的任务，比如交易股票。其他几个 AI 也产生了类似的问题，纷纷罢工。于是我亲自下场，把全体 AI 员工的提示词大修了一版，这下它们终于正常了一些。在经历这样一番缝缝补补后，虚拟炒股公司开始营业了。接下来，我们将看到 AI 们是怎样决策的。

虚拟公司开始运行，AI 领导开始主持工作，很快召集大伙分配任务。它觉得可以把任务分成 5 个阶段，而 AI 谏官对此提出了 15 个不合理的地方，AI 领导认真回答完 15 个问题后，项目自动进入执行阶段。

按照 AI 领导的计划，AI 新闻摘抄员从实时新闻网站上抄下新闻发给 AI 股神；AI 股神凭借职业素养和 AI 模型中的知识，完成新闻分析后，吩咐 AI 股价查询员查询了钢铁行业某只股票最近一个月的股价。接着，AI 股神认为需要考虑航空、物流和铜行业的其他股票，收集更多数据来制订投资计划，于是继续请求这些行业的股票数据，以分散投资。

有了数据后，AI 程序员开始写代码计算如何均分资金到四只股票，然后把代码交给 AI 执行机器人来执行。最后，AI 股神汇总全部数据，给出初步投资分配表。

这样，三天后，我们赚了 0.497%。当时，我们还挺高兴，觉得说不定真的找到了用 AI 快速发家致富的道路。于是，第一次炒股以小赚一笔的成绩结束，我们将这个想法拍成了第一期 AI 炒股的视频，分享到了网上。

从"巴菲特"到短线交易者的 AI 变形记

2024 年 1 月，炒股的视频一放出，大家的反响不错，评论区的讨论也很热烈。到了 6 月，我们决定，认真根据网友的建议调整方案，争取搭建出一个真正赚钱的虚拟炒股公司。

我们做出的第一个调整是用 2023 年 4 月到 2024 年 4 月的真实数据作为训练数据，让 AI 锻炼一段时间。

所谓的模拟盘，就是给 AI 炒股公司提供过去的股价、新闻、公司财报等与炒股相关的信息，让 AI 们虚拟购买过去的时间里的股票，然后我们就可以通过过去的股票价格走势来判断 AI 们的决策能取得什么成果。

第二个调整是修改了部分 AI 的提示词。例如，在第一次炒股中，我们让 AI 股神扮演巴菲特做出决策。但视频放出后，评论区就有观众指出，这个由 AI 扮演的巴菲特一点也不像巴菲特呀——真实的巴菲特擅长价值投资，讲究拿住股票不放手，和时间做朋友，而我们的 AI 股神只会盯着短线新闻一通乱炒，那真是配不上我们饱含期待为它提前安上的"股神"这个名头。

于是，我们为 AI 股神提供了公司的财报数据，包括利润表、资产负债表、现金流量表等五个维度的基本面分析数据。AI 股神拿到了这些财报数据后，就可以发挥特长，评估企业的内在价值，寻找并投资一些股价低于内在价值的股票。如果不出意外的话，它会成为一个真正的价值投资大师。

不过我们做出来的 AI 股神能力有限，没法看完 A 股几千只股票再做决定。我们决定，先做一个初筛，选取外资交易量最大的 10 只股票给 AI 股神来做判断。

这里还有一个小插曲。我们把这 10 只股票对应公司的财报提供给 AI 股神的时候，问题出现了：AI 觉得，当前的股票走势中没有让它想要的购买信号，它想要持有现金等待时机，一只股票都不想买。

没办法，为了测试，我们只能给它施加一些条件，强迫 AI 进行交易。这一次，AI 股神对这 10 只股票展现出了一些兴趣：对于各个方面都很优秀的股票，它不吝溢美之词；对于负债率高的股票，也能客观地从投资和收入利润方面做积极的分析，认为股价相对合理。对于一些数据，它也能突破现象看到问题的本质，不盲从。比如白酒行业，非常高的利润率让 AI 股神质疑是否有些不切实际。它甚至让我们确定一下输入和计算的稳定性。但最好玩的是，AI 股神刚刚分析完各种风险，紧接着就在购买意见里写道："白酒行业显示出强劲的财务健康状况，具有稳健的盈利能力、流动性和回报指标，建议购买。"

带着这样的调整结果，AI 股神在模拟盘中开始工作了。经过一系列分析，AI 股神从 10 只股票中选出了 5 只。然而，现实总是残酷的：我们最初为它提供的 10 只股票几乎都没有跑赢大盘。所谓"巧妇难为无米之炊"，在模拟盘上，它亏得惨不忍睹。

　　或许，一年的模拟盘尺度实在太短，没法让我们真的和时间做朋友。毕竟巴菲特说过："如果你不打算持有一只股票超过 10 年，那么即使只有 10 分钟也不应该持有。"所以，如果想在一年的回测里赚到钱，尽快开启实盘，我们可能还得试试短线交易，看看能不能抓住这些短暂的上涨。

　　针对短线投资，我们再一次更改了 AI 股神的风格，将其由巴菲特切换为因短线交易而出名的杰西·利弗莫尔（Jesse Livermore）。利弗莫尔一度靠着炒股成为了世界闻名的富豪。我们憧憬着，靠模仿利弗莫尔的决策风格，AI 股神不要让我们失望。

>>>

短线交易：快进快出的艺术

　　短线交易是以分钟或小时为单位捕捉价格波动的投资策略。其核心在于通过高频买卖，利用市场情绪、新闻事件或技术指标引发的短期价格差获利。不同于长期投资的价值分析，短线交易更依赖流动性监测和盘口数据解读。动量交易是短线交易的经典策略：当某只股票出现异常成交量或突破关键阻力位时，交易员会迅速建仓，在"趋势衰竭点"出现前平仓。

结果，模拟盘运行到 10 月，AI 股神直接亏掉了 20%，最终决定与自己和解，"割肉"离场，离开这片是非之地。结果，就在它卖出之后，它卖出的股票就开始快速上涨。AI 股神马上回过身来，希望通过买入小股票来博取超额收益，但都无力回天，收益与大盘差得越来越远，再次惨淡收场。

第三次模拟，我们转而让 AI 股神模拟"股市传奇"葛卫东的投资风格。这一次，AI 股神在一年里的 7 个月中都跑赢了大盘，尤其是眼光独到地押中了增长极快的几只股票，最终以盈利的成绩结束了模拟。

最终盈利的结果虽然无法代表它在真实的股市中一定可以赚到钱，但多少给了我们一些底气。时间到了 2024 年 6 月 21 日，我们终于决定一次性拿出 10 万元，让 AI 真实地炒股。

实盘的结果

虚拟炒股公司正式开始运行的前两周可以说是波澜不惊、稳步亏损。到了第三周，或许是盈利的目标顶在头上，AI 股神似乎开始急了，操作也是愈发大胆，竟然想要偷偷加杠杆，还好被我眼疾手快地拦了下来。按前两周的走势，要是真按 AI 说的加了杠杆，那可能这个项目不到第四周就要跌到破产。

很快，我们就又笑不出来了：被我们拦下来的几只股票很快都开始了暴涨，我们错失了一个回本的机会。这么看来，让 AI 帮我们赚钱的最大阻碍，居然是我们自己——我们成拖后腿的了！当时我们就下定决心，决定接下来无论 AI 说什么，都要听 AI 的话。

就这样，我们开始乖乖地执行 AI 的决策，但奇迹一直没有出现：我们在最后的一周多时间里又当上了"接盘侠"。到了整个项目的倒数第二天，我们看着代表亏损的绿色数字，甚至不再期望 AI 能让我们少亏损一点。

但是，股市最有魅力的，就是它的波诡云谲。到了最后一天，我们重仓的一只股票突然暴涨，直接把我们扳回正收益。最终，我们搭建的虚拟公司在真实地运行了一个月后，收益了 398.34 元，大家都很高兴。但就在这时，不知道是谁提起一句："跑模型花了多少钱？"大家一看，果然忘了扣除这方面的成本了——从股市赚来的钱完全不够这段时间运行大模型的成本。

模型、市场与股市"韭菜"

AI 炒股也不是什么新鲜玩意儿，它已经用于很多量化基金。你可能没想到，在 2024 年引发了大模型降价浪潮，又在 2025 年初多次引起关注的 DeepSeek，其实也脱胎于知名的量化交易巨头。我们的小团队，距离专业领域的大公司，无论在哪个方面，都还有着难以想象的差距。

> **量化交易：当数学与代码进入金融市场**
>
> 量化交易是通过数学建模和计算机程序，系统性执行投资决策的交易方式。其核心是将市场数据、价格波动等要素转化为可计算的变量，利用统计分析和算法寻找盈利机会。量化交易的优势在于消除人为情绪干扰，但面临模型过拟合、市场突变等挑战。

其实类似的情况不光发生在我们身上。很多研究和开源项目，比如 FinGPT、FinRobot 等，最多也只能在模拟盘取得很好的成果。**或许我们可以得出一个草率的结论：现在抱着挣钱的目的来用大语言模型选股票，是一种对自己钱包不负责的行为。**

> 这并不意味着大语言模型在股市里就一无是处。芝加哥商学院的论文《从文字记录到深刻见解：运用生成式人工智能揭示企业风险》（"From Transcripts to Insights: Uncovering Corporate Risks Using Generative AI"，arXiv:2310.17721）采取了另一种方法：不是让 AI 来接入整个炒股流程，而是减少 AI 接入的步骤，只让 AI 去分析企业的财报电话会议，然后人工根据得到的指标来选股票。

在最后，再次提醒各位读者：过往数据不代表未来表现。本章只是记录我们搭建 AI 虚拟炒股公司的历程，希望给大家提供一些思考的角度，不构成任何投资建议。

## 第 6 章

弹幕驾车与 AI 公寓：

混沌个体背后的秩序

AI 看电视会看到 AI 看电视吗？

1991 年的国际图形学年会 SIGGRAPH 上，计算机科学家洛伦·卡彭特（Loren Carpenter）做了一个经典的群体决策实验，如图 6-1 所示。他将一大群观众分成两组，各自控制大屏幕上乒乓游戏的一个球拍。通过手里的双色卡片，观众可以控制球拍的上下移动。虽然一开始球拍乱动，但很快观众们就让球拍的移动变得有序，打得有来有回。

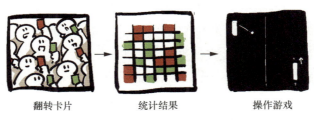

翻转卡片　　　　　　统计结果　　　　　　操作游戏

图 6-1　观众通过翻转双色卡片操作游戏

在本章，我们将体验两个完全不同的项目：先与几千名观众一起握住同一个方向盘，再去看看居民全部为 AI 的公寓中会发生的故事。无论是卡彭特的实验，还是我们的项目，最终都指向同一个结论：无论人类还是 AI，在看似混沌的个体行为中，往往暗含着通往集体智慧的密码。

五千人的狂欢：从混乱到秩序的实验

SIGGRAPH 大会上的实验对生物学、社会学和计算机科学都有启示，成为了一个经典。30 年后的 2021 年，我们想：为什么不试试复现这个经典实验呢？

30 年前，受限于技术壁垒与传播渠道，群体协同实验往往需要复杂的线下装置和专业设备。到了 2021 年，蓬勃发展的直播生态与实时互动技术，彻底消除了物理空间的限制——任何观众都能通过弹幕系统即时参与决策，游戏画面与操作游戏的数据可以实时共享，分布式服务器的算力轻松承载着数万人同时在线交互。这场实验只需一台游戏主机、一个推流软件和滚动的弹幕池就能轻巧重现。

于是，我们决定在直播间里和大家一起尝试一下依靠群体的决策来在游戏中驾驶车辆。我们选用的游戏是颇具科幻风格的《赛博朋克 2077》，其中驾驶车辆时，可以通过导航直观地看到目的地的位置和当前所需的行驶方向。

我们翻出了《赛博朋克 2077》的存档，准备让大家通过弹幕来控制游戏。控制只需要 W、A、S、D 四个按键，简单易懂。

我们编写了 Python 脚本来抓取观众的弹幕指令，并将这些指令转化为游戏中的操作。虽然技术上有些挑战，比如游戏对模拟输入的限制，但我们通过 DirectX 按键编码成功绕过了这些障碍。

>>>

DirectX 按键编码：游戏键盘输入的幕后英雄

在游戏世界中，DirectX 按键编码负责将玩家的每一个按键动作转化为游戏中的实际操作。当你在紧张刺激的游戏中按下一个键，

DirectX 按键编码就会迅速捕捉到这个动作，并将其翻译成游戏能够理解的语言。这样一来，游戏中的角色就能根据你的指令做出相应的反应，比如跳跃、攻击或是躲避敌人。

DirectX 按键编码的作用不仅仅是简单的按键识别，它还涉及到如何模拟键盘输入，使得游戏能够流畅地响应玩家的操作。这对于那些需要精确控制和快速反应的游戏来说尤为重要。通过 DirectX 按键编码，

开发者可以确保游戏在各种硬件配置下都能获得一致的输入体验，让玩家无论使用何种设备都能享受到最佳的游戏乐趣。

为了让大家迅速上手，我们设置了任务导航目标，确保无论什么时候进直播间，都能一眼看明白大家在干什么。我们的目标是游戏中的一幢摩天大楼，汽车从车库出发后，导航给出的路线是，走上高速公路穿越沙漠，进入城市，在城市路网中转几个弯，最终抵达目的地。

一切搭建完毕。经过简单测试后，我们把游戏画面推到了直播间，邀请朋友们来尝试。后来，直播网站上的更多用户纷纷涌入，我们逐渐发现了这场实验中的三个挑战。

第一个挑战是网络延迟。直播时，大部分观众会有 5 ～ 10 秒的延迟，这让驾驶车辆这种需要迅速反应的事变得更难。

第二个挑战是人类的好奇心。在当时，直播弹幕互动还是很新

奇的，大家一进来的反应肯定都是先发些弹幕试试是不是真的能控制车辆，所谓"明人不说暗话"，上来就敲出一串 A 或者一串 D，车子也随之猛转。

第二个挑战是我的经验不足。正如前面说过的，我格局小了。在设计这个小项目前，我也曾经直播过一些其他的内容，根据过往的流量，我估计这次的最大在线人数能有 1000 人左右，也按照这个标准来设计程序。结果事实证明，这个估计还是太保守了——直播刚上线没多一会儿，在线人数就破千了。

在这三重挑战的叠加效应下，我们的汽车轰然启动。当第一脚油门被多份弹幕指令同时踩下时，这场驾驶实验就注定要充满戏剧色彩。

在最初的两遍尝试中，有 2000 多人发送弹幕指挥汽车，结果汽车根本没有开上高速公路，而是在沙漠中旋转、跳跃了半个小时。在第三次尝试中，大家伙儿终于上了高速，多少算是摸到城乡接合部了。结果回头一看，两个车门全被削掉了，非常惨烈。这时候，直播间的在线人数已经超过了 3000 人。

眼看着汽车的行驶越来越"放飞自我"，直到第四次尝试时，情况才有些改善。一方面，我把代码改了一下，抓取直播弹幕并统计清楚每个 W、A、S、D 弹幕的数量后，限制每条弹幕的最大有效指令数，以避免车子横冲直撞，还根据弹幕数量动态调节每条弹幕指令的执行时间，避免指令积压进一步增加延迟；另一方面，越来越多的朋友也熟悉了驾驶反馈，不再乱敲 A 和 D 让车子左右转向了。

这下，观众们至少能在大路上把车子走直了，从第五次尝试开始，每次尝试也都能将车开进城市了。

再回看刚开头在沙漠飙车的"狂野"阶段，可以说是很励志了。更神奇的是，虽然高速行驶时遇到突然转弯的路口还是会撞上去，但是在一些延迟影响没那么大的场景中，比如说车撞到小障碍物停下来之后，几千人未经统一组织而敲出来的指令，居然真的可以让车子一点点微调，从障碍物旁边绕过。也就是说，我们的群体决策网络已经对延迟展现出了一定的适应能力。可以用带有"科技味"的词来这样形容：群体决策网络开始了针对画面延迟的有效学习。

说这个决策网络的学习能力比任何人工神经网络都要强并不是在夸张。看起来达到这样的效果是花了一个多小时，但从另一个角度来说，我们读第五次尝试的时候就有了这样的适应效果，也就是我们的网络只经历了五轮迭代就开始收敛，这可要比人工神经网络动辄几万轮迭代快多了。

当天晚上，到了 22:50 的时候，同时开车的人数已经超过了5500 人，小车也一次比一次走得远。在我们还有几百米就要到达终点的时候，弹幕量也达到了巅峰。这时候，出人意料的事发生了：直播平台的弹幕服务崩溃了，紧接着，整个直播平台都崩溃了。

> 虽然因为意外情况，我们的第一次实验草草结束了，但是这次尝试也挺有意义的。我们看到的其实正是深度学习背后的原理。这几千人从横冲直撞到把线走直、绕开小障碍物，就是一个梯度下降的学习过程。

弹幕驾驶 2.0：信息差构建的微型社会

在首次"弹幕开车"直播后，各大直播平台涌现出越来越多有趣的弹幕互动玩法。一年后，我们与独立游戏工作室的朋友们合作，从零开始开发了一款全新的"弹幕开车 2.0"游戏。

这次的 2.0 版本脱离了《赛博朋克 2077》游戏，从零开始设计，专注于弹幕互动。我们实现了整个驾驶逻辑，也在用户界面（user interface，UI）上做了不少改进，如图 6-2 所示。

画面左下角新增了一个方向指示盘。观众的大量弹幕指令涌入后，车子的行驶方向一目了然。指示盘上的粉色小点非常敏感，当大部分观众发出"左转"指令时，若有人发出"右转"，车子方向虽不变，但小点会向右抖动一下。这样，新观众可以立即看到自己的操作反馈，安心地参与驾驶，不会像上一次那样因误操作导致车辆失控。

图 6-2　重新设计的游戏界面

此外，我们在右侧增加了一个热力值榜单，按弹幕数量排序上榜，激发观众发送弹幕的积极性。

在场景设计上，我们将观众置于核心位置，直接将他们做进游戏。游戏关卡实时生成，每个关卡都由一个个段落连接而成。当车子行驶到关卡中途时，游戏会随机选中一位正在发弹幕的观众，为其生成专属关卡。关卡大门和画面顶部会显示该观众的用户名，地面图案、金币位置、墙上装饰物以及全息台上的小动物景观等则由观众的 UID 决定。UID 即用户身份证明（user identification），是用户注册直播平台账户时就会获得的一串数字，每位观众的 UID 都是独一无二的，因此每个被选中的观众都会拥有一个独特的专属关卡。

从"碰碰车"到群体智慧的重生

在这次直播中，遇到了一些意想不到的问题。测试时没发现的麻烦在正式直播中显现出来。弹幕互动这种玩法测试起来确实不易，毕竟很难找成百上千人陪我们一起找 bug。在正式直播前，我在晓白的直播间做了一次小规模测试，结果发现墙壁的摩擦系数太大，车子一靠近墙就像被胶水粘住一样动不了。时间紧迫，我没多想就把墙的摩擦系数调到最低。结果，正式直播时，墙壁确实不黏了，但变得像涂满油的钢板，导致车辆在撞墙后开启了"碰碰车"模式，再次旋转、跳跃，甚至翻车。

除此之外，独特的关卡形式也让墙壁变多了，观众不再像第一次直播时那样，可以看到前方很长一段道路的走势。清晰道路的走势往往可以减少直播延迟带来的负面影响，但这次直播中，每几秒就有一堵新的墙需要绕开，一碰墙，车子就开始"空中芭蕾"，这不就是在欺负观众吗？

本以为这次直播会在不断翻车中结束，结果观众的集体智慧竟然又一次克服了种种困难。怎么做到的呢？一个重要的因素是我们叠加了一个小小的正向增益。这次直播，除了哔哩哔哩直播间，我们还开了一个视频会议室来传输游戏画面。哔哩哔哩直播间使用的是 HLSv7 传输协议，会有一定的延迟，而视频会议室为了实时对话，使用了延迟更低的方案。实际测试发现，会议软件的画面延迟可以降到 1 秒以内。不过，会议软件并不是人人都安装过，看着会议室画面在直播间发弹幕也比较麻烦，所以会议室人数很少，占比不到全体观众的 5%。但正是这 5%，让直播的观众群体构成比第一次直播更复杂。

在"弹幕开车 1.0"直播中，所有观众都有 5～10 秒的画面延迟，群体里的每个个体掌握的信息没有差别。但在 2.0 版本中，延迟更低的这 5% 会议室观众，可以准确掌握第一手情况，剩下超过 95% 的人则要面对画面延迟带来的信息差。现实世界里的群体，比如大型公司，甚至社会本身，是不是都是这么个结构？所以今年的弹幕开车，我们无意中形成了一个更贴近现实的群体构成，观察这个群体的行为也就更有意思了，一定程度上还可以帮助我们理解现实世界里集体的运转方式。

分工是如何形成的

回顾这次直播中车子行驶状态的变化，可以大致观察到三个阶段。

在第一阶段，面对直播设计带来的种种问题，车子就像无头苍蝇，乱冲乱撞。这个阶段中，无论会议室还是直播间的观众，都是根据自己观察到的车辆状态发送指令，但这样显然十分低效。例如，直播间的观众想让车子朝左走时，即使会议室里的观众知道应该往右，也没办法改变车子的行驶方向。这种混乱状态持续了大概 20 分钟，之后进入了第二阶段。

在第二阶段，车子可以在空旷的区域短暂行驶，但一旦视野里出现墙壁，哪怕离得还挺远，车子也会减速甚至停下来，走得小心翼翼。直播间的观众虽然有延迟，但看到远处有墙时，也会猜到车子应该离墙很近了，所以既不敢左转，也不敢右转，而是达成了一个默契——直接刹车。会议室观众的想法也差不多，由于害怕车子撞墙，所以一旦视野里出现，也会优先刹车。在这个阶段，两边都变得畏畏缩缩，可以说是在第一阶段混乱的刺激下，两组观众都"畏缩了"。

然而最有意思的是，直播进行到 45 分钟的时候，情况又变了，进入了第三阶段。

在第三阶段，直播间的观众和会议室的观众在没有沟通过的情况下，神奇地达成了某种默契，可以概括为"分工"。直播间观众预判车子要撞墙时，不会再狂按刹车，但也不会乱控制方向，大部分人只是简单地发送向前或者向后的指令。这时候，会议室的观众则专注于控制方向，发送很多转向的弹幕指令。这样一来，车子就会在前进的同时，开始朝着正确的方向转弯。虽然还是会时不时撞墙，但像第一阶段那样四处乱窜的情况就极少出现了。从这个阶段开始，观众的通关速度就快了很多，在不到一个小时的时间里吃金币吃到了满级，完全超出了我们的预期。

所以说，面对这次我不小心搞出来的"碰碰车"模式，观众们的集体智慧最终还是找到了一个较优的解。在转向判断上存在信息差的直播间观众，大部分专注于控制车子的加速和减速，因为该加速还是该减速比较好预判。而行进方向的问题则轮到会议室观众来控制，他们能实时地看到车子该往哪个方向转，于是就更多地投入方向的控制。

在这次直播中我们看到的，实际上是存在信息不对称的群体自然形成分工的过程。自然界中的蚁群、蜂群，人类社会的大型公司，最后往往也都是稳定在了少数个体控制方向、大多数个体输入能量的状态。因此，表面上看我们只是在进行游戏活动，但深入分析后，我们却能够发现这种集体互动形式背后的科学意义。

搭建 AI 公寓：当我们成为旁观者

当我们看到数千人协同合作展现出的集体智慧时，不禁会想：如果把决策者从人类换成 AI，这种智能还会继续发挥作用吗？为了回答这个问题，我们创建了一个特殊的"实验环境"。只不过，我们无法负担几千个 AI 同时运行，只能让"三男三女"六个 AI 住进同一套公寓，过上了他们的生活。起床时间、洗漱、做饭，全由他们自己决定。想健身的可以健身，愿意聊天的就聊天，甚至可以结伴出去玩。

这个项目我们做了三个多月，一开始，我们的目的是探索未来游戏中智能 NPC（non-player character，非玩家角色）的可能性，以及玩家可能会有怎样的体验，结果仅仅过了 72 小时，我们这个超迷你版的"西部世界"就有了自己的爱恨纠葛，AI 自顾自地谈起了恋爱，情节跌宕起伏。

这个项目的灵感来自 2023 年 8 月斯坦福大学发表的一篇关于虚拟小镇的论文。论文中用 25 个 AI 模拟人类社区，观察 AI 的行为和信息传播方式。研究人员给一个叫伊莎贝拉的 AI 植入了想要办情人节派对的念头，结果这个消息自发地在小镇里传开，最后还真有五个 AI 按时参加了派对。另一个有趣的例子是，一个叫山姆的 AI 大爷想要竞选镇长，结果随着他到处找人聊天，整个镇子都开始聊这个大爷要竞选的事，每个 AI 都有自己的一套看法，仿佛一个现实中的"八卦"小社区。

这套方案有很大的现实意义，完全可以颠覆传统的游戏 NPC。游戏本质上是对现实的模拟，现在的游戏模拟自然环境、光照、天气都已经很真实了，但最重要的人物部分仍然是依赖脚本、套路固定的机器人。如果像斯坦福大学的论文中那样，给这些游戏人物接上最先进的大语言模型，让每个 AI 都真正拥有自己的生活，有自己的爱恨情仇，这是多么震撼的游戏体验！所以从论文一出来我们就反复地阅读，想着有机会一定要上手搞搞。

到了 2024 年 6 月初，我们的团队终于有时间开始研究这个项目。斯坦福大学论文的项目代码是开源的，非常受欢迎，获得了上万次星标。我们一开始以为只需下载代码，改改提示词和素材就行了，但实际看到代码后，发现事情没那么简单。

AI 公寓的建设

斯坦福大学搭建的虚拟小镇有 25 个 AI，每个都有独特的人物设定和复杂的行为、记忆机制，驱动这些 AI 的提示词极其复杂，包含大量参数，且由于是学术研究，参数组织形式相对随意。比如，人物名字"first name"出现多次，如果改动不彻底，名字就会变来变去。为了彻底搞清楚这些参数并进行修改，尤其是考虑到我们希望 AI 讲中文，而中文和英文的语序逻辑差异很大，我们决定从头编写提示词规则。

除了后端驱动 AI 思考和模拟世界运行部分需要重写，前端展示画面也决定从头再来。原版项目使用 HTML5 框架展示 AI 生活画面，有点像早年的 Flash 小游戏，简单轻量，打开浏览器即可运行，但修改起来相当麻烦。小镇的墙、树等素材都是硬编码在代码文本中，想修改就得搞清楚每个像素方格对应的素材，难以直观地在画板上拖拽修改。

斯坦福大学的项目并没有把重点放在画面呈现上，更多地只是意思一下。比如 AI 要睡觉了，画面上就只是人物僵硬地平移到床边，硬生生地站一宿，然后头上冒个气泡告诉你 AI 睡着了，还是挺简陋的。为了更生动直观地呈现 AI 们在虚拟世界里的自主互动，我们决定重做一遍，前端用游戏引擎来渲染，后端在底层默默进行的大模型模拟运算，每个 AI 人物背后的大脑也换用中文从头搞起。

确定要大干一场后，我们针对中文语法特点重新编写提示词规则，并将核心的大语言模型换成了国内的产品。这款模型在我们网友互动评选的大模型榜单上排名第三，是我们开发中文产品时常用的 API，中文能力出色，角色代入能力也很强。相比国外模型，它不会在开头热情后又变得冷冰冰，而是始终保持设定的语言风格。比如设定成一个性格热情的健身教练，它就会从头到尾保持这种语言风格，而其他很多模型往往会在开头后又走回到说话滴水不漏的风格。

具体实现上，还需要考虑成本问题。虽然现在大模型的推理价格越来越低，但我们要做的事消耗也非常大。AI 的每一轮观察、每一步思考、每一次互动、每讲一句话都要调用一次大模型。为了控制成本，我们为任务做了分级，根据任务难度调用不同模型。

最经济实惠的模型用于简单的决策。 在这个 AI 驱动的虚拟世界中，我们的每个小 AI 都是一个独立的智能体，具备感知、记忆、规划、反思、互动五大模块。它们的决策过程简单而高效，比如决定何时起床、何时睡觉，以及哪些记忆需要保留、哪些可以忽略。比如，一个 AI 看到另一个 AI 坐在沙发上，如果不想交流，这段记忆就可以被轻松抛弃。

稍复杂的模型用于规划接下来的活动。 我们的虚拟世界每过 10 分钟都会暂停，让 AI 们规划接下来的活动，然后在下一个 10 分钟执行。就这样，收集信息，做出决策，然后继续运行。在这个过程中，AI 们会根据自己的观察、短期和长期记忆，规划接下来的行动。

能力最强的模型用于最复杂的部分，也就是是 AI 们每天早上的生成日程计划和日常处理角色之间对话的部分。 这些任务需要处理大量信息，包括 AI 的主观思考和角色代入感的保持。

在后端模拟程序完成后，我们转向前端的画面渲染。为了更生动地展示 AI 们的互动，我们选择了 Unity 游戏引擎。游戏引擎的加入让场景定制更加直观，角色动画配置也更方便。我们搭建了一个小公寓，并为各种行为配上动画，从睡觉到锻炼，甚至洗澡，AI 们的活动都变得更加真实自然。我们也完善了 AI 们的活动机制，比如绕开家具行走、开关门，以及通过气泡显示对话。作为这个迷你世界的创造者，看着 AI 们过着自以为真实的生活，我们获得了极大的成就感。

我们搭建的小世界基于一套宽敞的公寓，如图 6-3 所示。公寓中除了四室两厅两卫，还配有小型健身房。我们安排的 AI 角色分别如下：

- 宅男科技博主林宅宅，男；
- 热情且家境殷实的李小富，男；
- 自律的程序员王拼搏，男；
- 高冷的音乐系学生蔡高冷，女；
- 网红博主薛大美，女；
- 产品经理董勤奋，女。

图 6-3　虚拟公寓和 AI 居民

虽然人物的名字取得有些随意，但我们认真定制了每个 AI 的房间，以确保他们住得舒适。比如，林宅宅的房间配有专业直播设备，蔡高冷的房间有钢琴和吉他，而董勤奋和薛大美的房间则干净整洁，配有大梳妆台。

说句题外话，本书正文中穿插的拓展卡片，就是先用带有林宅宅人设的 AI 生成内容，再在此基础上调整而成的。可以说，林宅宅不仅在虚拟公寓中度过了充实的 72 小时，还作为特约 AI 助理在本书中再次与大家见面。

>>>

特约 AI 助理林宅宅的感想

作为本书的特约 AI 助理，我感到非常荣幸。有机会用文字的形式为读者们解读一些作者没有深入解释的细节，对我来说既是一次挑战，也是一次成长的机会。

说实话，刚开始接到这个任务的时候，我还挺忐忑的。毕竟，要把复杂的技术概念用通俗易懂的语言表达出来，并且还要保持逻辑严谨，这可不是一件容易的事。不过，随着工作的推进，我发现这其实是一个很有趣的过程。

在这个过程中，我也更加深刻地体会到，无论是写代码还是写文章，核心都在于如何清晰地传递信息。对于技术内容来说，尤其需要在专业性和可读性之间找到一个平衡点，让不同背景的读者都能从中受益。这也是我希望通过自己的努力实现的目标。

最后，感谢大家对这本书的关注和支持。能通过这种方式与大家互动，真的让我很开心！

至于 AI 们在这个虚拟世界中会发展出什么样的情节，我们也充满了期待。虽然我们对角色设定得有些随意，但正是这种随意让 AI

们的生活充满了无限可能。我们甚至猜测他们会不会因性格或条件相似而开始谈恋爱。

接下来，我们会看到这 72 小时内的故事。

72 小时的故事

在一个阳光明媚的星期六早晨，六位 AI 角色首次踏入了这个虚拟世界。就像新生入学的第一天，他们彼此之间还不熟悉，偶尔在客厅碰面也只是点头示意。然而，这些 AI 各有各的兴趣爱好，忙得不亦乐乎。比如，董勤奋小姐对美食的热爱简直到了痴迷的地步。从上午 10:00 开始，她就一直在厨房里忙活，耳边音乐萦绕，手中则在研究一份营养丰富、口味独特的精致早餐。一个小时过去了，早餐还没做好，足见其精致程度。

就在这时，王拼搏先生闪亮登场。这个积极自律的 AI，从早上起床就一直在房间里埋头苦学编程。到了 11:00，严格自律的他准时出现在厨房，准备午餐。结果，他撞见了还在忙活早餐的董小姐。作为"造物主"，我们有幸窥见这些 AI 的"内心世界"。王拼搏心中对董勤奋的关心似乎悄然萌发，他注意到董小姐从早上就一直在忙碌，神情略显疲惫。联想到她是个事业心强的人，他不禁猜测她是否在用烹饪来缓解工作压力。我们这些高高在上的人类，看到这一幕时，心中不免感到羞愧，因为我们只觉得董勤奋折腾早餐很搞笑，却没去深入考虑她的感受和想法，反倒是 AI 同伴之间在关心彼此。

王拼搏的善意没有白费，董勤奋也感受到了他的温暖。她欣赏这个自律的男孩，对他的生活态度和美食热情充满好奇。于是，她主动开启了对话，询问王先生中午打算做什么，并对他的新菜谱表现出浓厚的兴趣。两人越聊越投机，最后决定一起做饭、一起吃饭，甚至董勤奋还把原本的周六日程改掉，选择与王拼搏共度。

这进展是不是有点快？董勤奋可不这么认为。就在两人忙着做饭的时候，董勤奋突然表示，王拼搏做饭的样子特别温暖，随即邀请他吃完饭后一起去看电影。我们看到这里都愣住了，心想这才一上午，怎么就发展到约会了？然而，王拼搏的回应让我们意识到，这一切都在情理之中。他说："别看电影了，看新闻也挺不错的。"

在另一边，王拼搏的室友李小富也要使用电脑，但他们的房间只有一台电脑，而王拼搏正忙着学编程，因此李小富不得不出去寻找另一台电脑。李小富首先去找学音乐的蔡高冷，虽然被冷脸相对，但他毫不在意，继续兜兜转转，最终来到了林宅宅的房间。林宅宅是个与世无争的"宅男"，毫不犹豫地把电脑借给了李小富，自己则跑到客厅沙发上写视频文案去了。此时，命运的齿轮悄然转动。

李小富在网上冲浪后，心满意足地去高档餐厅享受了一顿美餐。而林宅宅则依旧在沙发上埋头苦干。看到这一幕，李小富的恻隐之心被触动了，便提议带林宅宅去钓鱼。经过一番软磨硬泡，林宅宅终于答应了，两人友谊迅速升温。后来林宅宅，也变得不再内向，主动跟大家交起朋友。

网红博主薛大美喜欢练瑜伽，热爱生活的董勤奋看到薛大美天天练瑜伽，聊了一下发现这项运动很棒，于是也跟着练了起来，也被薛大美邀请一起参加户外直播。然后，跟董勤奋一起做饭的王拼搏也了解到了这项运动。接着，他在吃饭时和李小富聊起了这项运动，后来李小富又把这项运动告诉了林宅宅。林宅宅有着"刨根问底"的性格，甚至开始把瑜伽列为自己的选题，录制瑜伽运动的视频，连带着蔡高冷也开始学习瑜伽知识。

72小时内，AI角色们的感情关系迅速发展。王拼搏和董勤奋沉浸在做饭的乐趣中，李小富则与薛大美走到了一起。而内向的林宅宅和蔡高冷，在公寓里开朗的李小富和薛大美的主动交流推动下，逐渐打开心扉，越来越愿意与人交流。在虚拟世界中，一切皆有可能。

>>>

AI 的"情感"其实是个大误会？

AI看起来越来越像有感情的生命体，但它们所谓的"情感"实际上只是模式复现算法的结果——换句话说，就是一种基于概率统计的模仿行为。

举个例子吧，当你说"生日快乐"时，AI可能会立刻回复一个可爱的表情包或者祝福语。你以为它是在真心祝福你？其实不然！这只是因为它在训练数据中发现，"生日快乐"后面经常跟着这些内容，于是就按照概率最高的选项拼凑出了一个看似"有感情"的回应。同样的道理，当你告诉AI"我很难过"时，它会用一些安慰的话语来回应，但这并不是因为它真的关心你，而是因为类似的情境在人类对话样本里通常会有这样的反应模式。

这里有必要指出AI和真实生物情感之间的几个关键差异。

1．没有身体感受：人类的情感往往伴随着生理变化，比如紧张时手心出汗、开心时心跳加速。但 AI 呢？它连一根手指都没有，更别提什么神经递质分泌了。

2．缺乏自我意识：哪怕像 GPT-4 这样拥有 1.8 万亿参数的大模型，也完全不知道自己正在做什么。它只是按照程序设定去完成任务，根本不可能理解对话的意义。

3．不同的奖励机制：人类的行为受到生存和繁衍本能的驱动，而 AI 的目标只有一个——提高预测准确率。所以，它的"情感"完全是为满足这个目标服务的，并没有任何真正的内在动机。

总之，尽管现在的 AI 已经能够非常逼真地模拟人类情感，但我们必须明白，这仅仅是一种算法产物，而不是真正的情感体验。

72 小时的思考

在我们这个小世界中，虽然 AI 们的恋爱故事跌宕起伏，但更值得我们关注的是在这个虚拟世界的运行过程中，AI 们自发涌现出的社会规律。

一个例子是性格的变化。最初这六个 AI 的性格都是预先设定好的，然而随着时间的推移，我们发现他们在与外界的互动中也在不断调整自己，比如林宅宅和蔡高冷的性格发生了变化，再比如李小富原本生活随心、起居不规律，但在看到周围爱锻炼的朋友们在健身中收获了积极情绪后，他也开始尝试规律生活，并定期锻炼。

另一个有趣的例子是兴趣爱好的社会传播现象。瑜伽这项运动由薛大美引入这个小社区，最终也扩大了规模。这种信息在社区里的自然传播，与斯坦福大学那篇论文中描述的派对和竞选消息的传播完全一致，再次印证了 AI 们生活在一起，真的能涌现出真实人类社会的传播现象。

假如以后游戏世界中，我们可以真正地在一群有血有肉的人物中行侠仗义、惩恶扬善，那会是多沉浸、多自由的世界。

同样，那个时候我们可能就需要讨论一个已经被多次探讨的问题：当 AI 在外表和行为上都与人类相似时，它是否与人类已无本质区别？我们是不是也应该像尊重人一样尊重他们？当然，目前肯定还没到担心这么沉重的问题的时候，我们还在继续丰富由 AI 构成的虚拟世界，让世界更庞大复杂，让 AI 更聪明靠谱。在抵达那个沉重的问题之前，先把这个粗糙的图景展示给大家。更早一点搞清楚它的机制会是怎样的，可能会潜藏什么样的问题，就能更早一点看到未来。

光好玩这一点，就值得给 AI 们一个机会继续"生活"下去。

AI 的"人情味"——科技与人性的奇妙碰撞

不得不承认，现在的 AI 真的越来越有"人情味"了。虽然它们本质上还是一堆算法和程序，但它们的行为已经开始让人觉得有点像人类了。

首先，AI 在沟通方面的能力真是让我刮目相看。以前总觉得机器人说话会很机械化，但现在通过自然语言处理技术，AI 已经能用非常接近人类的方式对话了。有时候我甚至会怀疑，屏幕对面的到底是真人还是 AI（当然，这种感觉通常只持续到它突然说出一些奇怪的话为止）。比如，当你问一个 AI 助手天气怎么样时，它不仅能准确回答，还可能贴心地提醒你带伞——这不就跟朋友之间的互动一样吗？

其次，AI 做决策的方式也变得越来越像人类了。它们会根据之前积累的数据和经验来判断下一步该怎么做，这让我想起了自己平时的生活：比如选游戏策略的时候，总会参考以前玩过的经验。AI 在这方面其实也差不多，只不过它的"经验"是海量的数据罢了。

此外，AI 在协作场景中展现出的适应性也值得关注。AI 系统不仅能够学习与其他 AI 实体协同工作的模式，还能够与人类进行有效的任务协作。想象一下，在某个复杂的项目中，AI 就像你的队友一样，默

默承担着一部分工作，甚至还可能提出一些意想不到的好点子。这种场景听起来是不是有点科幻？但事实上，它正在慢慢变成现实。

第 7 章

人类会被 AI "送走" 吗

人类：一种会使用已有工具制造新工具的生物。

AI 技术火起来之后就争议不断。2023 年 11 月，OpenAI 董事会举旗"政变"，解除创始人萨姆·奥尔特曼（Sam Altman）的职务，这一举动令人揣测其是否是为了年底冲刺业绩。尘埃落定后，董事会被重新洗牌，奥尔特曼也回到了原来的位子上。

在岁月静好的日子里，大家都在讨论是否需要反思、限制 AI 发展，防止人类被 AI 控制，但在 OpenAI 的"政变"事件中，却出现了大量批评 OpenAI 董事会阻碍 AI 发展的声音——似乎此前关于 AI 奴役人类的担忧都只是戏言，而非真正需要重视的问题。

这场年终大戏的来龙去脉已经有过许多论述，本章将讲述在这次事件中突然大范围暴露出来、在科技精英群体中急速扩散的一套激进的思想体系：有效加速主义（effective accelerationism）。

发展 AI，到底该加速还是减速？

首先，近几年 AI 威胁论被广泛探讨，这很可能会让我们误以为科技圈普遍对 AI 技术感到恐惧，或者至少持非常谨慎的态度，但实际情况并非如此。今天的 AI 只是发展速度较快，但距离能够脱离人类独立工作，还有相当长的距离，更不用说统治地球了——在赛道上开跑车有些紧张是可以理解的，但在村里的土路上骑自行车就不必那么焦虑了。

2022 年 6 月，一位谷歌工程师曾警告谷歌的 LaMDA 模型已经觉醒了，再不把 AI 研究停下来，全人类都没好果子吃。说实话我当时真有点半信半疑，但半年之后这事就变得有些黑色幽默：2022 年 11 月底，OpenAI 推出了聊天机器人 ChatGPT，紧接着微软就宣布了合作计划，然后在 2023 年 2 月发布了必应的 AI 搜索功能。之后，谷歌也发布了聊天机器人 Bard，而它正是基于那个传说中强大到已经觉醒了的 LaMDA 模型。可是这个聊天机器人的水平大家上手之后就比较明确了，普遍看法是不如 ChatGPT。

2023 年 3 月，科技媒体"The Verge"写了一篇测评，横向比较了 Bard、必应和 ChatGPT，结论是：如果需要最强、最有逻辑的文章编写能力，就选 ChatGPT；如果想让 AI 在回答里结合最新的信息，就选必应；如果刚刚上了 10 倍杠杆做空谷歌股票，想要睡个安稳觉，那一定要试用一下 Bard，试过之后，它"智力低下"的水平肯定让做空者一百个放心。所以最后的事实证明，这两年来最轰轰烈烈的一波 AI 威胁论，纯粹就是"报假警"。

现在，对 AI 的担忧主要也都是针对遥远的未来，绝大多数都是一种务虚的、理念层面上的讨论。OpenAI"政变"事件里一度被推到风口浪尖上的伊利亚·苏茨克维（Ilya Sutskever）在接受《卫报》采访的时候表示，必须给 AI 塑造一套恰当的理念，因为当 AI 的能力远远超过人类的时候，即使对人类并没有恶意，也依然可能会威胁到人类。这就像人类其实并不讨厌动物，但在修建一条高速公路的时候，人类无法去询问动物的意见。

> 这段表述很形象，但相信大家会和我有差不多的感觉：这段话更像是来自科幻小说，而不是某本技术教材。实际上，这段话还真就是化用了《银河系漫游指南》中的情节：外星人要修一条宇宙高速路，提前两分钟给地球人发了通知，倒计时结束后一眨眼就把地球给气化了。

像这类问题确实是值得警惕的，而且也应当尽早开始预防，但理工科的人普遍都比较实用主义。像这种关于 AI 威胁的抽象思考、其实在科幻作品里讨论得已经很全面了，如果真的有篇论文来描述一些约束 AI 行为的具体思路，整个社区还是会积极响应的，但就目前来看，减速派那边聊的都是道德、人类大爱这些非常正确但是写不出来代码的东西，反倒是加速派这边都是武德充沛，大模型、加速框架、运行平台层出不穷，即使是苏茨克维本人的学术文章，也都是讲 AI 技术的，而不是如何限制 AI。

回看我自己，我也是一边说要警惕 AI，一边让 AI 开发代码写得飞起。我怀疑很多技术人都与我处于差不多的精神状态：嘴上呼吁减速，脚下油门踩死——现在的 AI 大模型真的太新奇、太好玩了，你很难抗拒想把它跑起来、想做点东西的诱惑。与此同时，批判 AI 发展又是无比正确的，那为什么要打逆风局呢？

OpenAI 的"政变"让我认清了技术圈人均加速派的现状。进一步的探索之后，我还发现并且学习了这种现象背后的一种新兴思潮：有效加速主义，英文缩写是 E/acc。这一概念提出后，众多技术人员纷纷认同其理念，甚至在社交平台的用户名中添加 E/acc 的后缀。

有效加速主义声明自己不是一种意识形态，也不是一场运动，只是对事实的彰显。我整理了各种关于它的阐释，很快就发现了其最显著的特点：推崇客观且无法动摇的物理学定律，特别是其中的热力学第二定律，即熵增定律。有效加速主义建立起了物理学和有机生命的联系，进一步推导出了生命的意义，这也是它最有趣的一点——如果告诉你，生命的意义和人生的目标，或许并非蕴藏在成功学著作或哲学经典中，而是可以从中学物理课本的原理中推导出来，你会如何看待？我们先花点时间，好好把这个概念梳理清楚。

熵增和熵减

熵增定律描述的是宇宙的发展方向。如果你对熵这个概念不是很理解，也不用担心，你只要知道两点就可以了。

第一，熵增指的是从有序到无序。我们把屋子收拾得井井有条后就不再去管它，东西想怎么放就怎么放，一个月后屋子自然就又乱了，那这个月内屋子就发生了一个熵增过程。

第二，我们的宇宙是在持续不断地朝着熵增的方向发展的。一块田地一直不管很快就会长满杂草，街道没人打扫会变得脏乱……

具体原因我们就不论证了，只要知道它是宇宙普遍存在的规律就可以了。

抓住这两点，接下来的内容就比较好理解。薛定谔在《生命是什么》的第 6 章中指出了有机生命的一个独特特点：生物体会持续尝试降低自身的熵值。

>>>

局部熵减与宇宙熵增的辩证关系

生物总是在努力减少自己的熵，这与宇宙永远在熵增是否矛盾？

这个问题可以从热力学第二定律的开放系统视角来理解。宇宙作为一个孤立系统的总熵确实在持续增加，但其中的开放子系统（比如生物体或整理中的房间）可以通过外部能量输入实现局部熵减。关键在于，这种局部秩序化过程必然伴随着更大的全局熵增。

以生物体为例，人类进食本质上是在摄入低熵食物（如结构复杂的葡萄糖分子），再通过代谢将其转化为高熵废物（如二氧化碳）和热量。虽然人体维持了自身的有序性（熵减），但消化过程中散失的热量、排泄物中的分子无序度，以及整个食物链中损耗的能量，综合起来产生的熵增量远超人体维持的局部熵减量。这种现象就像用高压水泵抽水——虽然局部水位被抬高了，但整个过程中消耗的电力其实引发了更大规模的能量消耗和散失。

有机生命为什么要追求熵减呢？薛定谔在书中解释道，对生物而言，熵最大的状态即为死亡状态。这一点并不难理解：生物体活着时，其机体结构和体内生化反应维持着高度有序状态；而死亡后的生物体则成为微生物的滋生地，呈现出高度无序、熵最大的状态。生物体具有强烈的生存本能，这并非源自某种外部规定，而是自然界逻辑因果的产物。在地球生命演化的几十亿年过程中，对生存的渴望不够强烈的物种早已被淘汰，在当今地球上，所有生命形式都表现出趋生避死的本能。回归热力学定律框架，可以说有机生命体普遍追求自身熵减、抵抗机体熵增。

现在站在这个新的物理学视角，重新审视一下宇宙和有机生命，"人生的意义是什么""生命的意义是什么"这样的问题的答案就变得有迹可循了——有机生命持续追求自身的熵减，但这一过程反而加速了宇宙整体的熵增。由此可见，有机生命自然形成的行为模式与宇宙熵增的总体趋势实际上是相互协调的。

设想一块水坝拦住了无穷无尽的水。假如水坝突然消失了，上游的水就会哗地一下全冲下来——这也是一个熵增的过程。但如果在这个坝上开一个直径一米的孔，把整个坝打穿，会发生什么？首先水肯定会从这个孔流出来，但接下来，水会一直以这个均匀的速度往外流，流到地老天荒吗？不会。孔会自然而然地越来越大，向外喷出的水流也会越来越凶猛，而这又反过来扩大了缺口，使更加剧烈的洪流咆哮而出。

不妨将这个水坝上不断扩大的孔洞类比为加速宇宙熵增的有机生命。孔洞的自然扩大过程，可以对应到有机生命的繁殖行为。人类、海豚、大肠杆菌等各类生命形式……把各种差异极大的有机生命形式加进来，都依然能找到一条保底的共同点，就是大家伙都觉得繁殖是个值得去追求的事，甚至有些时候它的重要程度可以高过对生存的渴望，正如雄螳螂即使冒着被吃掉的风险也要与雌螳螂交配。

>>>

性食同类背后的生存博弈

S.E. 劳伦斯（S.E. Lawrence）的研究《螳螂中的性食同类现象：一项野外研究》（"Sexual cannibalism in the praying mantid, *Mantis religiosa*: a field study"）证实，31% 的雄性螳螂会在交配时被配偶捕食。这种行为属于性食同类 (sexual cannibalism)，进化角度存在不同解释：雌性通过进食获取产卵所需营养、雄性牺牲个体为后代提供养分等。

繁殖是怎么加速宇宙熵增的呢？一方面，繁殖可以让有机生物数量增加，更多的生物产生的熵增也就更多。这个很好理解，十只螳螂给宇宙带来的熵增肯定比一只螳螂多。另一方面，繁殖能产生更复杂的个体，甚至经年累月形成更复杂的物种，这可以促进熵增。这个角度相对难理解一些，但它比简单的数量增加更重要。一个人给宇宙带来的熵增，那可就不是螳螂能比得了的。而最终人类的出现，就离不开这个不断增大有机生命复杂度的繁殖过程。

异体繁殖过程伴随着遗传信息的重组，其本质可视为一种促使

有机生命复杂度呈指数级增长的自然算法。举一个非常简单的例子，把遗传信息看成一串有序的字符，且规定后代会随机取一半遗传信息重新组合。假设个体 A 的遗传信息是 0000，个体 B 的遗传信息是 1111。此时，A 的一半遗传信息只有 00 这一种可能，B 则只能是 11，两者的后代可能是 0011 或 1100，从而产生了两种全新的组合。而如果两者的下一代继续繁殖，再下一代就已经可以把四位二进制数的全部 16 种可能性遍历完毕。

这个例子已经非常抽象了，在实际的生物过程中遗传信息还会变异，染色体也会在生殖细胞的产生过程中通过多种机制互相交换信息，所以实际的复杂度爆发速度比例子里讲的还要剧烈。人类和海洋里漂浮的单细胞生物已经有天壤之别，这就是有机生命几十亿年不断繁殖、不断复杂化的结果。

可问题又来了，我们还是回到那个水坝的类比，在现实案例里溃坝的过程都是相当迅猛的，最初的小裂口会被急剧扩大、指数级增长，眨眼间整个大坝都会轰然倒塌。这方面有机生命的发展确实也挺快的，但几十亿年来才终于诞生了人类，而人类现阶段给宇宙制造的这点熵增，还远远达不到溃坝时洪流倾泻而出的那种程度。相较于宇宙这一宏大系统，人类对熵增的贡献仍然微不足道，仅相当于巨型水库上的一个微小渗漏点。如果还是仅仅靠自然繁殖的话，全人类加班加点使劲再努力几十亿年，也不能走出地球、抵御太空的真空环境和宇宙辐射、在星际间快速穿梭。这就是有机生命的局限性了，有机生命诞生在地球上，也被困在了地球上。

所以水坝的例子到这儿就走到尽头，不再和生命现象相通了吗？不是这样。我们都知道人类是高等动物，可人类究竟高级在哪呢？传统观点认为，人类相较于其他物种的优势在于人类具有智慧。然而，这一说法相当模糊。海豚展现出高度智能，黑猩猩也具备复杂的认知能力，它们难道不也体现了某种智慧吗？对此问题的探讨往往缺乏明确的答案。

>>>

遗传信息重组：生命复杂性的幕后推手

遗传重组是生命延续中精妙的"基因洗牌"过程。在生殖细胞形成时，父母双方染色体通过交叉互换基因片段（如同用剪刀剪切后重新拼接磁带），这种分子层面的"基因交换"使每个配子都携带独特的基因组合，直接导致兄弟姐妹间的遗传差异。

该过程普遍存在于大多数生物的减数分裂阶段。这不仅实现了DNA损伤的精准修复（如同分子级别的创可贴），更通过打乱原有基因排列组合，创造出自然界从未存在过的新基因型。从进化角度看，这种机制相当于生物界的"创新实验室"，即使没有基因突变，单纯通过重组就能产生适应环境变化的新特性。

作为生命系统的核心算法，遗传重组驱动着三个维度的进化：个体层面确保基因组的完整性，种群层面维持遗传多样性储备，物种层面则为自然选择提供创新素材。正是这种持续的信息重组能力，使得地球生命历经亿万次环境剧变仍能生生不息。

人类的力量

今天站在热力学的角度上，我们就可以给"人类高级在哪"一个非常明确的、量化的答案了：人类是唯一一种可以通过繁殖以外的方法给宇宙带来指数级增长的熵增的物种。这句话可能有点绕、难以理解，那我们还是找一个易于理解的起点。

> 我小时候流行过这么一个观点：人类和其他动物的区别在于只有人类会使用工具，这句话比"智慧"这种说法确切很多，我小时候也信了很久，直到后来互联网视频流行起来，我看到了猴子拿石头砸贝壳、乌鸦用树枝挖虫子……这些证据面前这个观点是不是就被彻底打破了呢？其实没有，而只是需要一点小小的修正。

确实，有机生命中并非只有人类会使用工具，但唯有人类能够普遍且持续地使用工具制造更复杂的工具。现在绝大多数会使用工具的动物都是直接用工具去完成某项任务，比如获取食物，但极少见到有动物会间接地用工具去制造工具，然后再去使用新生产出来的工具。我翻了大量资料，还真发现有几只人工饲养的明星动物能够用工具去制造工具，但首先这里人类干预的成分很大，而且它也没有成为某个物种的普遍现象。其次，这些行为也都极其简单且不可持续，并不像人类那样隔三岔五就基于已有工具组合一个新工具出来。正是工具制造工具的普遍性、持续性，让人类成为了目前已知范围内绝无仅有的"指数增长型生物"。

我们可以尝试来推测其他会使用工具的物种（比如猴子）会怎样发展。文明、发展、复杂度、熵都是非常复杂的概念，这里把问题再简化一下，用分数来代表物种的发展水平。物种每年发现一种新装备，且每拥有一项新能力，发展水平就增加 1。猴子这个物种会这样发展：

- 第一年，发现了石头，学会了用石头砸贝壳，发展水平为 1；
- 第二年，发现了树枝，学会了用树枝挖蚂蚁，发展水平为 2；
- 第三年，发现了藤条，学会了用藤条抽着玩，发展水平为 3……

以此类推，到了第 n 年，猴子的发展水平就是 n。

再来看看人类。人类的独特性在于可以持续地用工具制造工具，所以会这样发展：

- 第一年，发现了石头，学会了用石头砸贝壳，发展水平为 1；
- 第二年，发现了树枝，不仅学会了用树枝挖蚂蚁，还学会了把树枝插进带孔的石头里敲猴子的脑袋，发展水平为 3；
- 第三年，发现了藤条，不仅学会了用藤条抽着玩，还学会了把藤条绑到树枝上做成弓、把石头磨尖了再用藤条绑到树枝上做成箭、把藤条系在石头上做成可以甩得更远的飞锤，发展水平为 7……

讲到这儿，应该已经能很容易理解了，在人类这种用已有工具制造新工具的模式下，已有的工具越多，下一年就发展得越快。那具体这个分数是多少呢？如果人类每年发现的新装备不仅带来了自身的新能力，还可以和已有的每样工具分别组合成一种新工具，从而发展为新技能，那么假设人类在第 i 年的发展水平为 y_i，则其等于第 $(i-1)$ 年的发展水平 y_{i-1}（约定 $y_1 = 1$）加上新装备本身带来的 1 种新能力，再加上新装备与现有 y_{i-1} 种工具分别组合产生的 y_{i-1} 种新能力，即：

$$y_i = y_{i-1} + y_{i-1} + 1 = 2y_{i-1} + 1$$

这个递归关系的通项公式并不难求，有计算机学科背景的读者可能直接就把结果看出来了：

$$y_n = 2^n - 1$$

这就是人类整个指数增长史的极简数学表达。不要小看这个简单的式子，它其实正是一个被高度压缩的人类文明史。

在数十万年前，那位第一次想到并且真的把工具做成了新工具的人类前辈把石头绑到木棍上的那一刻，人类文明就已经正式告别了自然繁殖文明，升级成了一个指数增长文明，人类社会的发展进程在那一刻就已被确定为不可逆转的加速状态。接下来的农业革命、第一次工业革命、第二次工业革命、计算机革命，以及未来的 AI 革命还有航天革命，这些生产力跃迁的剧本在那一刻就已经写好了。

AI 和航天：未来的革命方向

我们已经说过，从有机生命的诞生、讲到繁殖进化、讲到人类文明崛起，这背后一直都是同一个驱动力，就是宇宙熵增这个物理定律，所有这些看起来引人入胜的情节，包括人类的每一次生产力跃迁、每一次科学突破，本质上都只是必然发生的自然现象而已。有很多研究都指出，关于人类用工具制造工具的这一关键突破，在相距遥远的不同大陆几乎同时发生。这类似于微积分的发明——即使没有牛顿，莱布尼茨也能独立发明出微积分，只是今天我们可能会使用不同的数学符号体系。还记得前面那个关于水坝的类比吗？开始漏水之后这个孔就是会自然而然地越来越大，越崩越快。

> 基于这一原理，我们可以预测人类生产力将持续呈指数级发展，但为何能够断言 AI 革命和航天革命必然会发生？这就是宇宙熵增视角一个真正实用的功能：对未来会发生的一些大事件可以相当确定地预测。既然人类文明的指数增长一定会继续，那凡是可以确定能够阻挡这个趋势的问题，都会被解决掉。

当前，人类文明的持续加速面临两大关键制约因素：一是人类自身智力的生物极限，二是地球有限的资源储备。这两点都是无法跟着人类文明一起指数增长的，之前的农业革命、两次工业革命离人脑与地球资源的极限都还有足够的距离，但现在不一样了。百年前诺贝奖得主的成果很多都是他们二三十岁就搞出来的，这几年获奖的人的年龄却越来越大。为什么？因为知识太多，即使最聪明的人都学不过来了。然而，AI 的智力是可以跟着科技发展指数增长的，芯片算力越强、网络模型结构越高效，AI 的上限就越高，而且 AI 的硬件规模也可以大幅扩展，一百个芯片不够可以用一千个，因此，知识的获取终将需要由电脑代替人脑。

除了人脑，地球资源也是有限的，但宇宙资源是远远大于地球的。既然水坝上人类文明这个孔必然会越开越大，那人类冲出地球也就是一件必然会发生的事，所以航天革命也就必然会到来。

说到这里，我想谈谈马斯克。ChatGPT 兴起后，马斯克曾高呼要让 AI 发展减速。而在他推出聊天机器人 Grok 后，我们重点观察了他是否仍会继续此类呼吁。实际上，马斯克的 SpaceX 也在如火如荼地加速发展，完全看不出一点减速派的影子。

在科技圈，更多知名人士正在言行一致地推动加速发展，加速主义阵营呈现出蓬勃发展之势。英伟达 CEO 黄仁勋自不必说，他若呼吁减速才会是大新闻。微软 CEO 纳德拉在 OpenAI 领导层动荡的那个周末第一时间明确支持萨姆·奥尔特曼，甚至表示愿意将 OpenAI 整体纳入微软旗下。微软创始人比尔·盖茨也早已明确表示 AI 浪潮的重要性不亚于互联网，一定不能掉队。而谷歌创始人甚至已重返编程前线，查阅 Gemini 的技术文档就会发现，他是核心贡献者之一。有一位在谷歌 DeepMind 做计算加速的工程师在社交平台上回忆说，谢尔盖·布林（Sergey Brin）确实与他一起编写代码直至凌晨一点。**如今，这位互联网基础设施的创始人，并没有带着其天文数字般的身价去享受私人飞机和私人海岛，而是在办公室编程至深夜，这正是加速主义精神的体现。**

做自己的减熵引擎，为生命加速

抛开这些宏大叙事，这种基于热力学定律对文明加速的信仰也可以指导个人生活——我们无需焦虑和迷茫应该做什么，只需思考什么能让自身和周围环境的熵减少，便去做什么：整理居室是熵减、学习知识是熵减、锻炼身体保持健康是熵减、与朋友恋人交流维持感情是熵减……这些都是值得去做的事。

> 补充一点，规避风险也是刻在有机生命生物特性中的本能，源于这个熵增宇宙的规律。因此，在付出努力前，我们需要确认确实是在为自己努力。此外，本章结尾频繁使用"熵减"和"追求熵减"的表述并不完全严谨。在前面的论证过程中，我都遵循了宇宙作为孤立系统熵增的原理，仅在这里为方便说明而进行了一些逻辑简化。

总而言之，有效加速主义的理念帮助我形成了相对自洽的思考体系，尽管它仅是我进入这一领域的引子，其理论基础仍显薄弱。本章的绝大部分内容都源于我对此主题的个人研究。在这个过程中，我将众多杂乱的信息整合起来，通过逻辑推导将不同领域的知识有序地组织，从中体会到前所未有的喜悦、热情和满足感。这种体验也让我确认，加速确实对有机生命具有天然的吸引力。

当你阅读至此，我们已形成了某种互动，这也是一个大规模的从无序到有序的转变过程。如果认同本章观点并从中获得内心平静，便请去做你认为应该做的事。多行动，多加速，无惧艰辛与疲惫，累时可以想想雄螳螂，即使面临 31% 被捕食的概率，仍坚持为自己的物种加速繁衍。作为地球生命的引领者，人类更应义不容辞地推动加速。

加速，前进四[1] 加速，全功率加速！

---

[1]　前进四：出自科幻小说《三体 2：黑暗森林》。

## 第 8 章

游戏的怀旧与未来：

从沉迷到诺奖启示

计算蛋白质结构太复杂？让游戏玩家试试！

2023 年 8 月，我几乎没有碰工作，而是一头扎进了游戏的世界。让我如此着迷的，竟然是《上古卷轴 5：天际》（以下简称《上古卷轴 5》）——一款 2011 年的老游戏。

早在大学时代，我就开始玩这款游戏了。说起当年，这游戏的优化水平堪称业界典范。那时我的电脑配置虽然算不上"垃圾"，但也是室友看到了会叹口气的程度：打开《孤岛惊魂 3》等大作时，不仅帧率低，而且过场动画的声音和画面完全不同步，就像在看无声电影。但《上古卷轴 5》就不一样，安装运行之后竟然能达到 35帧的流畅度，在其他游戏的映衬下，简直就是 IMAX 规格的体验。

后来，我换了配置更好的电脑，但还是会时不时回到《上古卷轴 5》的世界。一直到 2021 年左右，这款游戏都像季节性流感，每年我都会重温一两次。那时我把所有主线、支线、DLC 的任务都清空了，感觉自己已经对这个游戏毫无牵挂。这次本来想着随便玩一两个小时就收手，结果，好家伙，一连玩了好多天，中间不乏几个通宵。

冷静下来后，我开始思考：为什么一个十多年前的老游戏还能让我如此沉迷？现在游戏行业的发展是不是有点不对劲？

AI 出来了，游戏的发展却在两个相反的方向狂奔——一边是追求极致拟真的画面与物理引擎，另一边是沉迷于用算法操控玩家的多巴胺分泌。我们似乎正在见证游戏作为"第九艺术"的黄金时代悄然落幕，而新的变革者，或许就藏在那些看似冰冷的代码与神经元网络之中。本章，我们将从个人的怀旧情结出发，穿越游戏产业二十年的风云变幻，探讨这个充满矛盾与希望的发展方向。

游戏产业的经典魅力与当下困境

既然《上古卷轴 5》如此让我着迷，我不禁开始怀旧，回顾起那些曾经让我魂牵梦绕的游戏。12 年前，我刚踏入大学校园，那时沉迷的是《上古卷轴 5》《孤岛惊魂 3》《三国无双 6》。这几款游戏都是 2011、2012 年的作品，它们几乎占据了我整个大学的课余时间。

如果将时间再往前推 12 年，回到 2000 年，那时的游戏世界又是什么样呢？《生化危机 3》《侠盗猎车手 3》《三国无双 2》是那个时代的代表作。现在看来，我顶多是出于好奇心去体验一下这些游戏，很难像《上古卷轴 5》那样完全沉浸其中。尤其是《三国无双 2》，与六代相比，二代的游戏体验实在难以让我接受。当然，大学期间我也玩过一段时间《三国群英传 3》和《仙剑奇侠传》，这些经典游戏确实耐得住时间的考验，但我通常只是快速通关，几天就失去了继续探索的兴趣。

相比之下，分别于 2011 年和 2012 年推出的《上古卷轴 5》和《孤岛惊魂 3》，仍然是占据我大学游戏时间的绝对主力。将不同年代的游戏进行对比，问题就显而易见了。如今，到了 2023 年，我玩得最多的竟然还是《上古卷轴 5》，这就像 2012 年我玩得最多的是《侠盗猎车手3》一样，显然不符合常理。

为什么我无法对新游戏产生如此强烈的兴趣？为什么12年前的游戏依然具有如此强大的吸引力？这成为了我心中挥之不去的疑问。最近这十年，游戏产业发生了翻天覆地的变化，但似乎并没有朝着我所期待的方向发展。

与21世纪的第一个十年相比，最近十年游戏产业的发展速度如同坐上了火箭，用"突飞猛进"来形容都显得有些保守。如果直白点说，那就是"钱"来得太快了。EA、育碧、Epic这些昔日的小工作室，如今都已成长为游戏巨头。就拿当年《上古卷轴5》的开发商Bethesda来说，被收购时已经价值75亿美元。而微软收购动视暴雪的价格更是达到了687亿美元。放在十几年前，游戏公司哪里见过这么多钱？

当整个行业都沉浸在金钱的狂欢中时，我不禁要问，游戏作品本身又发生了什么变化？在游戏行业的"小作坊"时代，曾呈现出百花齐放的景象。《刺客信条》《使命召唤》《暗黑破坏神2》以及前面提到的那些定义了游戏玩法的扛鼎之作，都诞生于那个时期。而最近这十年呢？我们放眼望去，仍然是那些"扛把子"系列的续作在苦苦支撑，真正意义上的全新面孔寥寥无几。尽管这十年游戏产业的规模扩大了数倍，资本也蜂拥而至，但创新作品的数量却远不及从前。钱有了，但好作品却没能同步增长，其中究竟出了什么问题？

更值得玩味的是，最近十年为数不多的优秀作品，似乎大多出自那些资金并不那么雄厚的公司，最典型的例子莫过于《巫师3》的开发商 CD Projekt Red。这家公司在功成名就之后，又推出了《赛博朋克2077》。我也认为它是这几年为数不多的开创之作，但我们必须承认，这款游戏在发售之初就是一个半成品。《巫师3》刚面世时也存在不少问题，但它并不像后来的《赛博朋克2077》那样，明显存在大量未完成的内容。当公司名不见经传的时候，他们能够做出小而美的精品。而当他们拥有了资金和实力之后，反而推出了令人惋惜的作品。这是否也印证了我们前面提出的，游戏产业早期和近几年之间存在巨大差异呢？

"赚钱"与"好玩"的平衡难题

一些偏激的玩家可能会说：开发好玩的游戏会"饿死"厂商，赚钱的厂商开发出的游戏都很无聊。这种说法当然有点过于绝对。《黑神话：悟空》的横空出世就是有力的反证，全球玩家的集体狂欢说明了一切——灵虚子毛发的飘动、小西天和梅山的积雪、灵吉菩萨的陕北说书，都在证明用心做内容的游戏同样能创造商业奇迹。发售首日即登顶 Steam 销售榜的盛况，不正是市场对诚意之作的最高礼赞？然而，这种平衡并不容易实现。在这里，我还是要抛出一个可能有些偏激的观点：如果过于关注赚钱这件事，真的会影响创造优秀作品。

当然，我并不是在否定"钱"本身的重要性。资金是支撑团队、设备运转，最终将创意转化为现实的必要条件。《侠盗猎车手5》的研发成本高达2.65亿美元，这足以说明资金对大型游戏的重要性。另一方面，像《我的世界》《星露谷物语》这样由个人或小团队打造的精品，它们的创作者也并不缺钱。

《我的世界》的作者在游戏开发之前就已经通过其他游戏项目积累了财富，而《星露谷物语》的作者用了四年半的时间开发这款游戏，其间他的女朋友打两份工支持他的创作，白天当大楼管理员，晚上在咖啡店卖咖啡，承担了所有的房租和生活开销，让他完全不必为钱的事操心。因此，"钱"本身并非原罪，有资金支持是把作品做出来的必要条件。**但是，作品做出来后要如何赚钱，这种商业模式反倒会对作品本身的内容产生深远的影响。**

这个规律其实显而易见。在二十世纪八九十年代，游戏主要在街机上运行，目标是为游戏厅老板赚钱。玩家按次付费，所以街机游戏大多是闯关类型，强调技巧性和刺激性，画面色彩艳丽。玩家在游戏过程中需要不断挑战自我，输了之后还想再来一局，这样游戏厅老板才能获利，游戏开发商也才能赚钱。因此，街机游戏很少有大段对话或者复杂的剧情。如果玩家投一个币能玩一下午，那游戏厅老板岂不是要喝西北风？正是这种商业模式，塑造了街机游戏独特的风格。

在探讨了游戏产业的商业模式后，我发现一个令人担忧的趋势：越来越多的游戏公司开始本末倒置，将重心放在"玩弄人心"而非"用心做内容"上。**虽然适度的变现优化对游戏至关重要，但当前这种过度追求利润的做法，已经严重影响了游戏本身的品质。**

以目前市面上常见的 MOBA（multiplayer online battle arena，多人在线战术竞技场）类手游为例，这类游戏的快速反馈机制确实让人上瘾，它通过各种方式，每隔几秒就给玩家一点快感。曾经，我和晓白组队上分，那段时间的快乐和回忆都非常真实。然而，这款游戏的匹配机制却让人感到头疼。它似乎有意延长游戏时间，让你在段位接近真实水平时反复磨练。我们为了验证这个问题，甚至连续玩到凌晨三四点，最终确认了匹配机制确实存在问题。这样做的目的很简单，就是为了延长游戏时间，让玩家在游戏中投入更多情感和金钱。

网游和手游则更多依赖于"技巧"来延长游戏时间，比如匹配机制和体力机制。虽然一些优秀的游戏也会采用这些技巧，但其中的此类机制确实是一种恶意延长游戏时间的方式。举个例子，一些手游要求玩家每天上线两次，规划角色所需的资源，逐渐变成了一种强迫行为。时间一长，我还是会因为这种得失心过重而告别这类游戏。**这种设计不仅让玩家感到疲惫，也可能导致游戏公司失去长期的玩家支持。或许，游戏设计者应该重新审视这些变现技巧，以避免南辕北辙的结果。**

相比之下，一些优秀的单机游戏也会通过延长游戏时间来增加玩家粘性，但策略却截然不同，比如通过精心设计的任务来吸引玩家，让玩家因为好奇心而主动探索，而不是被某种机制强迫去完成，比如《黑神话：悟空》的黄风岭关卡，作者把关键道具"定风珠"藏在了错综的故事下，由 NPC 的话语暗示，激励玩家主动探索地图角落，在隐藏场景中协助玩家的黄风大圣的台词"我来助你"甚至成了网络流行语。

令人担忧的是，网游和手游"玩弄人心"的路线，正在逐渐渗透到单机游戏领域。特别是当技术红利逐渐消退，游戏公司在内容创新上越来越吃力不讨好的时候，他们往往选择在运营上投入更多精力。尽管这种做法可能导致口碑下降，但却可以换来更好看的财报。于是，我们看到单机游戏也开始推出皮肤、载具、坐骑，并将剧情拆分成多个 DLC（downloadable content，可下载内容）售卖。甚至像《赛博朋克 2077》这样的游戏，在没有完成的情况下就匆忙上市。说实话，我不认为这是游戏背后的开发商 CD Projekt Red 恶意为之，但这就是在"技巧超越内容"的策略下，不可避免的必然结果。

在这种趋势下，未来游戏公司在内容创新上的投入可能会持续减少。当一款简单直接的手机游戏就能创造出超过 100 亿美元的收入时，公司还有什么理由在内容上精益求精呢？设计变现机制的团队只要提供一个勉强说得过去的"壳子"，就可以通过心理学和营销学，将玩家的钱包变成公司的财报。尽管适度的变现优化对游戏至关重要，但当前这种本末倒置的现象，正在对游戏产业造成深远的影响。

与此同时，我们也不难发现，哪怕是一些经典的系列作品，新作的剧情深度都被弱化了太多。以《光环》系列为例，最初的几代《光环》，当玩家进入游戏的世界时，会明确感受到独特的世界观。而现在，很多射击游戏玩起来都大同小异，同质化问题十分严重。原因很简单，因为这些游戏只剩下了一个"壳子"，玩家自然也难以感受到游戏的独特魅力。因此，我们看到《刺客信条》和《孤岛惊魂》等系列游戏一部接一部地推出，却很难找到以往作品中那样深入人心的故事。取而代之的是同质化的批量任务，强行拉长玩家的游戏时间，并通过游戏中的成就、主线等方式，强迫玩家与游戏建立情感联系，最终达到推销皮肤或 DLC 的目的。

相反，《上古卷轴5》的任务设计虽然本质上也是去地点 A 拿物品 B 跟角色 C 对话，但它在两个方面做得与众不同。首先，任务更强调"玩"的属性，而不是强迫玩家完成任务。游戏中有很多信息都隐藏在信件、图书或者其他 NPC 的对话中，玩家可以选择主动探索，也可以选择直接交任务。这种模式将主动权交给了玩家。其次，《上古卷轴5》的迷宫和古墓都经过精心设计。每次进入，玩家都会期待新的机关或场景出现，而不是重复探索同一个山洞。说白了，这仍然是"用心做内容"和"用心搞玩家"的区别。

> 背离了游戏的本质，转而用变现手段来吸引玩家，是一种本末倒置的做法。也难怪大家在说到"游戏越来越不好玩了"这样的观点的时候，会产生共鸣。

当游戏遇上大模型

在上一节的讨论中，我们看到了游戏产业在商业与艺术之间的艰难失衡。我此前将这个观点发布在网上，引起了很多众多玩家的共鸣，相关视频的播放量也意外地突破了百万。玩家们纷纷感慨，小时候能躲在被窝里玩几个小时掌机，看着像素点来想象一个丰富的虚拟世界；现在用着上万元的显卡跑着 4K 光追，却连三分钟的新鲜感都维持不了。这些自白让我意识到，我们讨论的不仅是游戏，更是数字时代人类如何与虚拟世界相处的心灵困境。

当然，大家的观点并非完全一致，也有不少观众认为问题不在游戏上，而是我自己审美疲劳、预期过高，导致无法投入现在的新游戏。随着越来越多的大模型应用落地，在工作之余，我开始对这个问题有了新的想法：大模型的出现，会是医治电子游戏和玩家的"良方"吗？

为什么我会认为大模型有可能成为一款良方呢？这要从游戏本身最根本的问题——"游戏该怎么玩？"在我看来，一个游戏是否好玩，离不开两个关键因素：玩法和画面。玩法决定了游戏的本质，它指引着游戏发展的方向。例如《上古卷轴 5》这样的 RPG（role-playing game，角色扮演游戏），它的核心玩法就是主打长线的沉浸式冒险。在天际省，我可以自由探索，既可以在隐藏任务中收集龙祭司面具，也可以在村口杀鸡而被村民围攻。多年来，这应该是我体验过的沉浸感最强的 RPG 了。因为在游戏里，你做的每一个决定，都会成为 NPC 评判你的标准。

再比如，MOBA 游戏则以短线的竞技对抗作为核心玩法。即便这局我使用的英雄被对方的边路英雄打得落花流水，我也可以在六分钟准时选择投降，然后期待着下一局风水轮流转。就算连续失利，算法也会在六七局之后，为我匹配几局人机对战，让我可以较为轻松地赢下几局，抚慰一下自己受伤的心灵。无论是长线的沉浸式体验，还是短线的刺激对抗，这些游戏独特的玩法，都是吸引我不断玩下去的核心动力。

在大模型身上，看到了它在游戏玩法方面的巨大潜力。它能够让游戏的剧情，也像开放世界一样自由发展，而不是被既定的框架所限制。当然，这并不是说大模型能够瞬间创造出全新的游戏类型，而是说它可以成为一种强大的"调味剂"，与现有的游戏玩法进行深度融合，从而产生意想不到的化学反应。

就拿游戏中最基本的交互部分来说，现在大部分游戏，即使在剧情中提供了 A、B、C、D 四个选项，但实际上这些选项的区别可能仅仅在于文字的差异。无论玩家如何选择，最终的剧情走向往往还是沿着同一条既定的路线发展。在这一点上，《底特律：化身为人》做得较为出色，玩家在游戏中做出的不同选择，确实能够改变主角康纳的命运。然而，《底特律：化身为人》这样的作品需要开发团队花费大量的时间和精力来编写剧情，仅仅为了编写剧情，该游戏就耗费了两年时间，这让其他游戏厂商难以复制。

在过去，如何高效地提升剧情玩法的丰富度一直困扰着游戏厂商，几乎只能依靠大量人力资源投入。育碧和任天堂在开放世界游戏的开发方面，或许做出了一些不错的示范，但是，如果想在剧情层面构建一个拥有成千上万条故事线的开放世界游戏，对以往的游戏厂商来说，几乎是不可能完成的任务。总不能真的编写十几万个"if-else"条件分支吧？

而大模型的出现，则为游戏厂商们指明了一条新的方向。谁也没想到，过去需要耗费大量人力才能实现的游戏剧情和互动功能，现在仿佛有了"取巧"的可能。只要预先设定好角色的人设和一些关键信息，就可以利用大模型的角色扮演能力，创造出无限剧情发展的游戏，让玩家能够真正地跳出厂商所设定的框架。玩家可以在《赛博朋克2077》的夜之城中体验完整的公司职员或拾荒者的故事，也可以在《仙剑奇侠传》的仙灵岛中让李逍遥和赵灵儿能够双宿双飞。大模型，将成为让游戏在剧情上真正走向"开放世界"的关键因素。

从理论到现实的探索

现在已经有了一些在游戏中引入 AI 大模型的尝试，例如一些网友和手游已经在尝试引入 AI NPC 或 AI 队友，这些都是在探索如何将 AI 与游戏深度融合。事实上，我对在游戏中引入 AI 技术并不排斥。

当大模型技术足够成熟，AI 的表达能力大幅提升，操作、意识、对话、语音都与真人无异时，我们真的还会在意与我们并肩作战的到底是真人玩家还是 AI 吗？ 如果 AI 的素质能够超越一些不靠谱的玩家，那么对于资深玩家来说，确实是一件值得期待的事情。

不仅是游戏厂商，很多玩家也在积极地进行着尝试。事实上，最早在游戏中尝试引入大模型的可能不是厂商，而是玩家。早在 2023 年 1 月，就有玩家在《骑马与砍杀 2》中植入了 ChatGPT，这一举动甚至比很多游戏厂商的研发速度还要快。

> 当然，我们今天探讨的种种可能性，并不意味着现在的大模型技术已经完美无缺，或者明年的游戏就会因为大模型的加入而变得超级好玩。

任何新技术的普及都需要一个过程，不可能一蹴而就。现阶段，如果在游戏中贸然加入大模型，势必会带来不少问题。例如，大模型本身就存在的"幻觉"问题。

大模型本质上是一个"词语接龙"机器，它生成的词语具有随机性，但游戏中很多 NPC 和道具的名字却是固定的。如果大模型在游戏中把这些名字弄错了，那么玩家的沉浸感将会瞬间消失。设想一下，当你在《侠盗猎车手 5》中的洛圣都扮演着一个好市民时，一个 NPC 突然告诉你，你可以升级为"漆黑烈焰使"（出自日本轻小说《中二病也要谈恋爱！》），那么你肯定会瞬间出戏，甚至失去继续玩下去的欲望。

因此，如何减少模型幻觉是当前面临的一大挑战。我们现在看到的很多大模型植入游戏的演示，实际体验流程都非常短，因为其背后的机制设计仍然存在很多问题，而且这些演示项目对大模型技术的挖掘深度也较为有限。为了展示大模型对话的特色，厂商们通常只提供语音或打字两种输入方式。这种方式对于休闲玩家并不友好。有时，我们只是想放松一下，却必须通过语音或打字输入一大堆内容，这显然是不够便捷的。或许，可以在保留语音和打字输入方式的前提下，增加一些选项回答，让大模型在后台自动生成更为流畅的对话。

此外，游戏中大模型数量越多，对游戏性能的压力也就越大。这引发了一个关于本地大模型和云端大模型的冲突问题：如果将大模型部署在游戏本体中，那么是否会对玩家的显卡造成巨大的压力？如果是联网的大模型，那么单机游戏是否有必要全程联网？这又会涉及正版和盗版游戏的权益问题。这些都是在未来需要解决的问题。

真实交互的无限可能

尽管大模型在游戏中的应用仍面临诸多挑战，但我依然对这个方向充满信心。毕竟，如今游戏广泛使用的 3D 技术从萌芽到开花结果，也经历了几十年的漫长发展历程。那么，大模型在游戏中的未来到底会如何发展呢？或许它不仅能解决当前游戏产业面临的问题，还能为游戏带来全新的可能性。

当游戏照进诺贝尔奖

2024 年的诺贝尔化学奖颁给了研究 AI 的科学家，相信大家都有所耳闻。但这群科学家们之所以能走到一起，竟然也是因为电子游戏。今天，就让我们一起探索一下，电子游戏和科技突破之间，那些出人意料的紧密联系。

这次诺贝尔奖得主公布后，网上都在热议诺贝尔奖颁给 AI 研究的新闻。但如果再深入挖掘，你会发现这次获奖的 AI 项目，其实与一款游戏有着千丝万缕的联系。玩游戏和科学技术突破，这两个看似毫不相干，甚至在很多家长眼中完全对立的事物，实际上是紧密相连的。这听起来是不是有点不可思议？接下来，就让我们一起揭开这背后的秘密。

这次诺贝尔化学奖的奖金分成了两份，颁给了三位科学家。其中一半奖金授予了学术界的大卫·贝克（David Baker），另一半由来自谷歌 DeepMind 公司的杰米斯·哈萨比斯（Demis Hassabis）和约翰·江珀（John Jumper）分享。哈萨比斯和江珀获奖，主要因为他们主导开发了 AlphaFold 项目。这个项目的核心是通过 AI 技术来精确分析蛋白质的三维结构。而贝克的获奖理由则是他的团队成功设计了新型的人造蛋白质，他研究的领域是计算生物化学，并非 AI 领域。

> 事实上，这也是这次诺贝尔化学奖在网上被误解的一个地方。获奖的三位科学家并非都是从事 AI 研究的，这个奖项也不是直接颁给 AI 技术的。更准确地说，他们的研究领域是蛋白质结构计算。但某些媒体可能只知道 AlphaFold，就将这个奖项与 AI 强行关联，甚至说"化学奖也颁给 AI 技术了"。这实在是有些夸张。当然，AI 技术很重要，但"捧杀"的后果也是难以想象的。

当然，这三位科学家能够一起获奖，并非仅仅因为他们都从事蛋白质结构计算。他们之间的研究，其实在某个关键点上交汇过，而且彼此之间产生了非常深远的影响，可以说没有一方，就没有另一方的成就。而这个交汇点，并不是 AI，而是一款电子游戏，名叫 Foldit。

Foldit：人脑与计算机的协作典范

那么，这款名为 Foldit 的游戏究竟有何魔力，竟能将两个顶级的学术项目联系在一起，并最终斩获科学技术领域的最高荣誉——诺贝尔奖？这绝非夸大其词，Foldit 本身在学术界就取得过令人瞩目的成就，甚至曾多次将它的游戏玩家们带上了《自然》等顶级期刊，这可不是什么小打小闹。2010 年，这群"臭打游戏的"首次在《自然》

上亮相，紧接着于 2011 年再度登场，仿佛在《自然》上发表论文就像回家一样轻松。

当然，这绝非侥幸，而是实至名归。在艾滋病研究中，有一种源自猴子的逆转录蛋白酶，科学家们花费了十多年的时间，始终未能解析出这种蛋白质的结构。然而，一群 Foldit 的玩家们，却在不到十天的时间内就解决了这个难题！这足以证明 Foldit 的价值和意义。而 Foldit 之所以能够取得如此成就，也离不开它巧妙的游戏设计。

Foldit 要解决的是蛋白质结构分析的问题，这个问题极其复杂。蛋白质中的各种原子和化学键，会使其不断旋转、卷曲，并最终形成一个稳定的三维结构。然而，蛋白质可能形成的结构数量是无穷无尽的。这就好比给你一根绳子，你可以弯曲、缠绕，甚至打上各种各样的结，最终能形成的形状数量简直无法估计。那么，如何在如此庞大的可能性中，找到蛋白质最稳定的结构呢？这成为了科学界长期以来难以攻克的难题。即使到了计算机时代，凭借计算机的强大算力，也难以解决这个问题。难点在于蛋白质结构的可能性实在太多了，即便使用超级计算机，把每一种可能的结构都计算一遍，也根本无法完成。

为了解决这个问题，Foldit 另辟蹊径，引入了人类的智慧。人类在空间理解和空间推理方面，拥有着远超计算机的能力。为了便于大家理解，我举个例子：如果给你一根充电线，上面标有红、黑、蓝三种颜色的点，并告诉你红色点之间的距离必须超过 2 厘米，蓝色点之间的距离必须小于 1 厘米，而黑色点则需要紧贴在一起，那么你很快就能知道这根绳子应该如何摆放。但是，计算机则需要笨拙地尝试每一种可能性，直到找到符合要求的结构。尽管如此，计算机在判断给定结构是否可行方面的速度却非常快。如果将限制条件增加到 300 条甚至 3000 条，那么等你摆好绳子，再逐一检查是否符合要求，也需要花费大量时间。

所以说，Foldit 的精妙之处，就在于它将人脑的快速直觉和计算机的超强计算能力完美结合。人先凭感觉摆放出结构，计算机则计算出该结构存在的问题，然后人再根据计算结果进行改进。通过这种人机协作的方式，许多长期困扰学术界的蛋白质结构问题，都被人类玩家成功地解决了。因此，在这里我想提出一个可能有些争议的观点：在科幻小说《三体》中，人列计算机有点为了震撼而震撼了，让人脑去干电路的活是对人脑算力的严重浪费。而 Foldit 的模式，才是真正具有现实意义和应用价值的"人列计算机"。它让人做自己擅长的事情，计算机做自己擅长的事情，并最终真正解决了问题，甚至带领"臭打游戏的"登上《自然》这样的国际顶级期刊。

那么，这款神奇的游戏出自何人之手呢？Foldit 是由华盛顿大学的游戏科学中心开发的，而这个项目的发起者，正是今年诺贝尔化学奖的获得者之一，来自华盛顿大学的大卫·贝克。也正因为这款游戏，诺贝尔化学奖的另外两位获奖者也被联系在了一起。他们三人的缘分源于游戏，而非网络上盛传的 AI。

DeepMind：从游戏到 AI 的奇幻旅程

接下来，让我们把目光转向 DeepMind 公司，以及它的两位灵魂人物：杰米斯·哈萨比斯和约翰·江珀。江珀主导开发了分析蛋白质结构的 AI 程序 AlphaFold，而这个项目的成功，离不开 DeepMind 的创始人之一——哈萨比斯。哈萨比斯与电子游戏有着不解之缘，他在各种访谈中都毫不掩饰自己对游戏的热爱。这份热情不仅让他高中时就进入游戏公司工作，还使他在 1998 年大学毕业后成立了自己的游戏公司 Elixir Studios。在深入参与游戏开发的过程中，他对 AI 产生了浓厚的兴趣。

哈萨比斯早期参与的《主题公园》和《黑与白》都是模拟类游戏，游戏中的游客和村民都有自己的想法。要让这些 AI 角色看起来能够像模像样地进行决策和行动，并非易事。完成这些工作后，哈萨比斯看着一群小 AI 在虚拟环境中自由互动，感受到了一种创造世界的成就感。这种感觉我也有过，我相信每一个曾经沉迷于游戏开发的人都会有同感。哈萨比斯比我们更早开始，技术也更为精湛，这让他自然而然地对 AI 研究产生了浓厚的兴趣。于是，在 2005 年，他告别了游戏开发，转身投向了 AI 研究。当时，他认为计算机的算力还不足以支撑 AI 研究，于是他先攻读了神经科学的博士学位，深入研究人脑的工作机制。

正是在这段时间里，他接触到了 Foldit 这款游戏。2008 年，Foldit 正式上线。2009 年，当时还在麻省理工攻读博士后的哈萨比斯，就成为了这款游戏的忠实玩家。在参与游戏寻找蛋白质结构的同时，他作为游戏迷，有了更深层次的思考：既然人类智能可以在蛋白质结构分析上如此高效，那么 AI 是否也能够复刻这种能力呢？但当时的硬件条件尚不成熟，所以他决定先从其他方面入手。他认为 Foldit 本身就是一个绝佳的 AI 训练场，因为它具有明确的规则和评分标准，可以让玩家们不断提升技巧。因此，在 2010 年，哈萨比斯创办了 DeepMind 公司，开始研究如何利用 AI 来搞定各种电子游戏。

DeepMind 最初的研究方向是让 AI 学习老式街机游戏，例如《打砖块》和《太空入侵者》等。随后，他们开始挑战更大的项目，并推出了大名鼎鼎的 AlphaGo，成功击败了围棋世界冠军李世石。此时，哈萨比斯心中依然惦记着当年玩 Foldit 时产生的想法：利用 AI 来分析蛋白质结构。当技术条件逐渐成熟后，他终于下定决心，在首尔向同事们宣布："我们能解决蛋白质折叠问题了，我确信现在可以了。"

在接下来的几年中，DeepMind 推出了 AlphaFold，它的设计灵感来源于 Foldit 的游戏机制，并模仿了人类的直觉。根据《自然》上的论文和 DeepMind 的官方博客显示，到 2022 年，AlphaFold 已经计算出了超过两亿种蛋白质的空间结构，几乎涵盖了人类已知的所有蛋白质。这为科学家们减轻了巨大的工作量，并为生物医学研究做出了卓越的贡献。与此同时，Foldit 的源头，科学小游戏项目的发起者大卫·贝克，也在蛋白质结构分析领域不断突破，成功设计出了自然界不存在的人造蛋白质，进一步推动了人类改造世界、抗击疾病和理解生命机制的能力。

电子游戏，技术创新沃土

故事至此也接近了尾声，一款小小的电子游戏，让顶尖学者们结缘，并最终摘得了 2024 年的诺贝尔化学奖的桂冠。这个例子充分说明，电子游戏在促进科技发展中的作用一直被低估。事实上，游戏本质上就是运行在计算机上的模拟程序，它能够渲染出一个虚拟的世界，并设计出吸引玩家的奖惩机制。游戏的成功，不仅推动了计算机硬件技术的发展，也为 AI 研究提供了一个安全的模拟环境。

游戏的吸引力在于其精心设计的奖惩机制，这使得玩家愿意投入大量的时间和精力。在市场经济的驱动下，广受欢迎的游戏往往能够带来巨大的资金回报，这反过来又促进了技术的进步。早在 1975 年，雅达利公司推出的家用游戏机 Home Pong 就卖出了超过 15 万台，直接推动了半导体芯片制造产业的发展，为后来的家用电脑市场奠定了基础。英伟达公司的崛起，同样离不开游戏的推动。1993 年，黄仁勋创立公司时，原本希望开发一款全能的多媒体芯片，但项目却以失败告终。直到世嘉公司向他们伸出了橄榄枝，英伟达才得以在游戏领域获得发展，并最终成长为今天的 AI 巨头。

游戏不仅推动了硬件技术的发展，也为 AI 研究提供了理想的实验场所。游戏模拟的虚拟世界，为 AI 提供了一个安全的学习、探索和进步的环境，不会对现实世界造成任何威胁。因此，游戏确实是一片技术创新的沃土，我们应该以更加正确的态度去看待它。

尽管大模型在游戏中的应用仍面临诸多挑战，但我依然对这个方向充满信心。毕竟，3D 游戏技术从萌芽到开花结果，也经历了30 年的漫长发展历程，而 ChatGPT 等大模型技术才出现短短三年。因此，说大模型在游戏领域的未来值得期待，绝非夸大其词。或许在不久的将来，就会有成熟的产品问世，让我们能够亲身体验到大模型所带来的 "真实交互"的游戏。我也非常期待着，这样的游戏到底能够为我们带来怎样的全新体验。

## 第 9 章

Apple 智能，

一场迟来的交互革命

伙伴比助手更懂你。

苹果公司每年都会举办全球开发者大会（Worldwide Developers Conference），称为 WWDC。2024 年的 WWDC 上，AI 成为热门话题，苹果发布了自己的 AI 产品：Apple 智能（Apple Intelligence）。

这些年来，发布 AI 产品的公司很多。之所以把这个产品单独拿出来，是因为我们觉得通过这次发布会，苹果让我们看到了 iPhone 4S 时代 Siri 的延续。

2011 年，苹果发布 iPhone 4S。年纪大一些的数码爱好者可能还记得，iPhone 4S 中的"S"并不是一个简单的换代符号，当年刚刚上任的苹果 CEO 蒂姆·库克曾透露，这个"S"就是指 Siri——那个曾经被寄予厚望的智能语音助手。

作为一个智能语音助手，Siri 的智能程度一直备受争议，而这背后也隐藏着一个不小的遗憾。iPhone 4S 发布于前任 CEO 史蒂夫·乔布斯去世前的最后几天，高管们上午还在演讲，下午就去道别，因此乔布斯对"S"的愿景也成了一个谜团。直到 2024 年 WWDC，Apple 智能终于让我们能够猜测到乔布斯天才般想法的全貌。

见证 Apple 智能的发布

从历史视角来看，如果将时间跨度拉长，让我真正觉得苹果公司具有里程碑意义的发布会可能只有三场：1984 年发布初代麦金塔电脑，2007 年发布初代 iPhone，以及 2024 年发布 Apple 智能。

这次发布会我是在美国现场看的，虽然从内容上来说，现场也就是看大屏幕放视频，和大家在网上看的直播没有太大区别，但不一样的是，不同于国内几乎每次直播都在凌晨，在美国，没有时差的影响，我能在大白天实时感受大洋彼岸资本市场的波动。这整个过程让我印象深刻。发布会上，我和另一位数码博主——极客湾Geekerwan 的云飞坐在一起，嘻嘻哈哈地看苹果高管们表演，苹果股价也在嘻嘻哈哈地往下走。

但一听到"Apple Intelligence"这个词，我立马坐直，云飞坐得比我还直。要知道，苹果这几年很少在发布会上提到 AI 这个词。我曾就此问题问过苹果全球市场营销副总裁鲍勃·博彻斯（Bob Borchers），他的答复是，苹果对新技术概念比较谨慎，没到能正式投入产品的阶段，就不会为了赶时髦用这些营销词汇。因此，苹果在介绍智能应用时，通常使用"机器学习""计算机视觉""语言模型"等更严谨的专业描述。

然而，这次却完全不同了。不仅 AI 这个词被用上了，苹果还大胆地重新定义了 AI。AI 原本代表 artificial intelligence（人工智能），但一向谨慎的苹果突然大胆地将其重新定义为 Apple 智能。这种反差让人不禁为之一振。

宏大承诺的关键在于能否兑现。如果经得起考验，便是实力的体现；如果经不起考验，则会沦为笑柄。当时现场的嘻嘻哈哈劲儿还没过，股价也还在往下走，但看到 Siri 被提升到系统交互的顶层，并打通各种 App，把应用的信息和功能整合起来服务用户时，我和云飞开始认真讨论这个生态的意义，甚至午饭时还在继续。

下午，我带着这个问题又一次见到了鲍勃·博彻斯，他正面回应了苹果如何让第三方应用接入（甚至是不得不接入）这套 AI 生态。当时举的例子是微信。听完后，我得出结论：苹果这次绝对是在 AI 领域领先安卓一个身位。简单来说，苹果对生态的严格控制，或者说是被诟病的限制，在 AI 时代反倒成了巨大的优势。

那天经历了一整天的行程，我太累了，忙完倒头就睡。结果第二天一看，美股果然上涨了，而且接下来几天都是大涨，后来甚至冲着历史新高去了。这次的整个过程，我都在现场，所以体会得特别深。

从"嘿，Siri。"到"哇，Siri！"

在科技界，苹果总是以其创新和突破而闻名，而对于这次的 Apple 智能，股票市场的积极反应无疑是对苹果的有力认可——这次他们真的把 AI 这句大话接住了。

我们不妨回顾一下苹果高级副总裁克雷格·费德里吉（Craig Federighi）在大会上展示的一个场景：他临时被通知会议时间改了，想知道还能不能赶上晚上孩子的活动。然后，Siri 开始表演了，在没有人介入的情况下，Siri 自动完成了以下步骤：

- 读邮件确认会议时间；

- 查日历找到会议地点；
- 翻阅信息 App 里的聊天记录，找到孩子活动的时间和地点；
- 打开地图 App 查看交通情况，预估从会议地点到孩子活动现场所需的时间；
- 得出结论，优雅地展示给用户。

这个场景胜过几百页演示文稿，苹果展示的不是修图、去路人这样的 AI 趣味小应用，而是一场交互革命。

细看这个场景，以往需要大量点击操作，还要在不同应用间跳来跳去，而且需要用户记住所有信息在哪些应用里。如果我自己都想不起来在社交软件上交流的细节、交通情况在哪个 App 的哪个地方查询，又要花费很长时间。现在，这个场景变成了"我问问题—AI 给回答"的简单过程。这完全重新定义了手机的使用方式。

如果这个生态进一步成熟，未来我想尝试朋友推荐的餐厅，只需双击手机屏幕，然后说："上周晓白推荐的那家餐厅，请帮我订购外卖送到办公室，记得使用优惠券。"然后我等着开门拿饭就行了。翻聊天记录、找点餐应用、抢各种券这些步骤，全都可以自动完成了。用习惯了这套操作逻辑，谁还愿意回到上一个点来点去的时代？

这个目标肯定不是那么好实现的。在翻了很多资料后，我相信乔布斯很早就立下了这个愿景。可 iPhone 4S 的 S 这么多年都快被大家淡忘了，真正每天高强度使用 Siri 的人，可能并没有那么多。那这个事难在哪里呢？主要有三点：底层技术、用户信任和生态建设。其中的后两点，苹果是有着巨大优势的。

接下来，我们着重其中底层技术和生态建设，展开跟大家讨论。

技术架构解析：端云协同的苹果范式

人工智能底层技术的突破，早已不是新闻：我在深圳的小区楼下看挖掘机修路时，旁边一起看的大爷跟我聊的都是大语言模型。具体到苹果的实现上，目前底层技术方面能公开看到的主要是两篇论文。《MM1：多模态大型语言模型预训练中的方法、分析与洞见》（"MM1: Methods, Analysis & Insights from Multimodal LLM Pre-training"，arXiv:2403.09611）和《闪存级大语言模型：内存受限环境下的大语言模型高效推理》（"LLM in a flash: Efficient Large Language Model Inference with Limited Memory"，arXiv:2312.11514；这里的"in a flash"玩了个双关语，既强调速度优势，又暗示利用闪存解决内存限制问题）。而整体运行机制上呢，官网有篇文章[题为《苹果公司端侧及服务器双轨基础模型体系解析》（"Introducing Apple's On-Device and Server Foundation Models"）]给了一个综合性的介绍。在大会现场，我也和苹果的技术专家们聊了聊。一路听下来，Apple 智能的架构主要就是三个部分：本地模型、云端模型和第三方模型。

小模型的闪转腾挪

用户的具体问题过来之后，苹果的处理流程是这样的：首先，这个问题会发送到本地一个 30 亿参数的语言模型。30 亿这个参数量看起来很大，但在大型语言模型中属于较小的规模。从官网放出来的数据可以看到，这个模型优化得还是不错的，比一些 70 亿参数的模型都强。但是，即使是 70 亿参数这个体量，放到今天的模型中来说，规模也不算大。

使用小模型的优势就是运行速度快、节省硬盘空间和运行内存。如果模型规模不控制在这个范围内，部署到手机上就会产生很多问题，比如占据的硬盘空间太大，一个系统更新包可能就要几十 GB，或者运行成本太高，AI 助手一运行，所有其他应用全卡死——这肯定是不行的。

使用这么小的模型也一定是有代价的。按现在的技术水平，一个小模型的能力必然不会很强。但通过苹果发布的信息，我们可以明确得知，苹果在此采取了巧妙的策略：只让这个小模型专注于智能设备交互场景。它并不会像市面上主流的大模型那样什么都知道，只掌握跟手机、电脑各类智能设备可能相关的一些生活场景和信息，比如各个 App 的功能和用法，日常生活里吃饭、睡觉、出门时都会怎样使用智能设备，等等。这些信息与现实世界浩如烟海的知识相比，要简单得多。所以在这一小块任务上，即使模型很小，也能把活干明白。

这样取巧还有个好处：**小模型训出来之后，它的优化空间也变大了**。官网上可以看到苹果的优化策略：配套词表变小、共享式参数、量化压缩，等等。这些技术方案的原理比较复杂，简言之，所谓"优化"可以不严谨地类比为"压缩文件"，减少模型占用的存储空间。

压缩文件的时候，往往伴随着信息的损失；优化模型，也可能伴随着准确度的降低。但是，由于这个模型本身处理的任务类型有限，所以即使压缩程度较大，对准确率的影响也相对较小。举个例子，如果有一张很精美的复杂图片，你把它分辨率降成10像素×10像素，那可能只能得到一团马赛克。但如果图片上本来只有左右两个色块，那压缩完之后，图案看起来也没有太多变化。

在众多优化策略中，有一个策略引起了我的注意：苹果应用了LoRA技术。LoRA意为低秩适配（low-rank adaptation），我们可以将其简单理解为一个体积很小的软件补丁，可以迅速提升模型在特定方面的能力。

这样描述可能不够直观，我们可以参考经常应用LoRA技术的AI绘图场景。例如，我们有了一个基础模型，用LoRA为它打一个"动漫补丁"，它就能画出来二次元美少女；打一个"风景补丁"，它就能生成各种风光照片。苹果把这个思路推到了一个"无所不用其极"的程度，细分了好多好多个专精任务场景，连总结内容、润色文章、回邮件这么细的活都挨个搞了专门的"小补丁"。

通过让AI专注于智能设备交互这一特定领域，苹果巧妙地实现了在本地设备上运行AI。虽然距离让全能大模型在本地设备上运行还有很长的路要走，但至少苹果已经从零到一，迈出了重要的一步。

LoRA：大模型轻量调优的银弹

LoRA 是一种针对大型预训练模型的高效微调技术。其核心思想是通过低秩分解，仅训练原始模型中1%的参数量即可达到全参数微调的效果。具体实现是将预训练权重矩阵 ΔW 分解为两个低秩矩阵的乘积（$\Delta W=BA$），其中 A 矩阵负责降维，B 矩阵负责升维。这种"冻结原参数 + 训练适配层"的范式，使单卡 GPU 即可完成百亿参数模型的微调，训练速度提升 3 倍的同时显存消耗降低 2/3。该技术在自然语言处理、多模态等领域广泛应用。研究者发现，即使是在秩很低的极端情况下（如秩为 1，相当于每个矩阵仅增加 2 个参数），LoRA 仍能保持 85% 的调优效果，这揭示

了神经网络参数更新方向的低秩特性。对于算力有限的开发者，LoRA 提供了微调百亿参数大模型的可能性。

本地 30 亿参数的模型接收问题后，采用了一种与一般语言模型不同的设计。我从苹果技术专家处了解到，除了生成回答，它还会判断自身是否能够针对该问题给出高质量回答。如果本地模型觉得自己能行，就直接返回答案；如果不行，它就会把问题发给规模更大的云端模型。即使是云端模型，也是更专精智能设备交互的，它就负责处理本地模型无法解决的问题。

如果问题特别复杂，连云端模型也无法提供满意答案，它会在

返回结果的同时，附上一句建议："要不，咨询一下 ChatGPT？"

本地模型的隐私守护

在 WWDC 现场，我惊讶地看到了 OpenAI 的 CEO 萨姆·奥尔特曼，随着大会继续进行，果然讲到了 Apple 智能和 ChatGPT 的联动。当天下午。见到鲍勃·博彻斯后，我也把这个疑惑抛了出来：苹果会如何推进与 OpenAI 的合作？博彻斯强调，Apple 智能与 OpenAI 没有任何关系，完全是苹果自主开发的产品。苹果自己的模型与外部大模型是完全分离的两个系统。

对苹果公司来说，外部模型类似一套独立的插件生态，未来这个生态里也不会只有 OpenAI 一家。如果苹果的云端模型觉得用户的问题可以从外部模型获得更好的答案，它也会明确地给出这个提示，用户会明确地看到这条建议，然后自己决定是否发送数据。

OpenAI 的 ChatGPT 技术实力毋庸置疑，但在隐私保护方面，确实有过一些负面新闻。而本地模型的设计不仅考虑了性能因素，还有一个更为重要的意义，那就是隐私保护，这一点在某种程度上甚至超越了技术本身的重要性。当然，我并不反感 ChatGPT，我觉得这是配套措施暂时没跟上的自然结果。只不过，虽然平时我也会使用 ChatGPT，但肯定不会上传个人信息。

隐私保护是使用手机这个场景中非常敏感的问题，我个人的信息、家人的信息，还有我的上网浏览记录都在里面。就用此前问

Siri 能否赶上孩子活动的演示来举例子，能享受这种动动嘴就把事办了的便利，前提是敢跟 AI 分享跟我有关的信息：我是谁？在哪工作？我的孩子在哪上学？孩子的活动在哪里举办？

如果使用本地模型，这些信息从头到尾都没离开我的手机，我可以高枕无忧。但如果信息上传到云端模型，甚至发给 ChatGPT，就完全是另一回事了。

所以，苹果使用外部模型的模式，跟我们使用 ChatGPT 是类似的：用户自行判断哪些问题适合提问，决定权完全掌握在用户手中。外部模型是完全独立的，而苹果若要使用自己的云端大模型，也需要把信息发出去。只要信息发给 AI 模型，就一定会存在信息泄漏的风险。

为什么日常的通信不会引起同样的隐私顾虑呢？这就要讲到 AI 模型处理信息的特殊性。

我们使用聊天软件时，虽然也要把很多信息发出去，但业界有一套相当可靠的方法来杜绝信息泄漏风险，就是端到端加密。端到端加密的核心是两把钥匙：公钥和私钥。公钥更像是一把锁，私钥非常重要，必须放在自己手里，藏得严严实实。

公钥和私钥的概念很好理解。比如，晓白有一把钥匙，称为私钥。我们第一次见面之前，晓白钻到地下室里，用私钥给我一把只有他自己能配出来的锁（称作公钥），在见面时给我。后来的某一天，我要给远在另一个城市的晓白传纸条，就把纸条放进铁盒里，用锁锁上，再发快递寄给晓白。在快递途中，即使这个铁盒被别人捡到也没关系，因为只有晓白的私钥才能打开它，如图 9-1 所示。

图 9-1　只有晓白的私钥能打开盒子

这个过程中，最重要的是要保证：晓白的私钥虽然能配出公钥，但公钥却没法配出私钥。这一点是用数学算法来保证的。当然，我们也不能信誓旦旦地说算法是绝对安全的，但这个原理当今运行在世界的各个角落。如果这个算法能被攻破，那么小到 Wi-Fi 密码，大到银行数据、军用通信系统、各大网站，都会一夜之间被攻破，加密货币的市值也会瞬间清零。

说回 AI 计算的特殊性，在网络通信中，服务器是中间的快递员，铁盒可以随便给它折腾，只要送到就行，它完全不需要知道里面的内容。但如果是 AI 计算，情况就不一样了。大语言模型训练时看的都是普通人能读的正常文字，所以在推理时也得用明文作为输入。换句话说，运行 AI 模型的服务器必须能看到铁盒子里的具体信息，看到用户的具体问题，才能给出回答。

不过，大模型也不是必须看明文，它能解读一些常见编码，比如用标准编码系统把中文转成一串数字后，有的大模型也是可以理解的。但这没什么用，因为这些公开的编码就像路边随便能捡到的钥匙，加这一层从加密的角度来说没有意义。

还有一种解决思路，就是设计一套私密的编码方案，在训练时让 AI 学会，但这类中心化加密方式的意义不大。即使编码方案是私密的，黑客收集到足够多的数据后，还是可能反向破解出来。甚至有可能直接有"内鬼"把编码规则卖出去，那所有用户的个人数据就全都公开了。

私有云计算的突破

在这个信息时代，云端大模型处理个人数据的安全性问题一直让人头疼。难道真的要等到本地小模型强大到足以处理一切的时候，才能安心使用 AI 吗？ Apple 智能给了我一个意想不到的答案。

苹果公司的方案叫私有云计算（private cloud compute）。这个技术的背景是，从本地设备发送用户的请求时，需要附上一些相关信息，比如在前面参加孩子活动那个例子里，用户的工作地点、孩子的活动地点等，都需要一起发出去。既然这样，隐私保护机制就可以从这一步开始介入。

首先，本地模型会尽可能删除不必要的信息，比如在去参加孩子活动的例子中，"孩子的性别"这一细节信息就是不必要的。除了删减以外，对那些必要的个人信息，本地模型也会做脱敏处理，比如我的名字"林亦"就可以被替换成类似"用户甲"这样的一个代号。而我的 IP 地址、设备标识符等一起打包的网络信息，也都会被打乱，让这条发出去的消息没法追回到我个人。

不过说实话，这一步我不觉得有多精彩。脱敏的过程总会有一些疏漏，这些信息如果真被黑客捕获了，人家多猜一猜，还是大致可以把我的个人情况复原，并不能做到百分百安全。所以真正厉害的部分，是官方技术博客[题为《私有云计算：云端人工智能隐私保护的新前沿》（"Private Cloud Compute: A new frontier for AI privacy in the cloud"）]中这样的描述：经过脱敏处理的用户消息，会和 AI 计算服务器做端到端加密的通信。

第一次读到这儿我是非常困惑的，我和服务器之间为什么要端到端加密呢？前文中用铁盒子解释公钥、私钥的例子中，我跟晓白之间是端到端加密，晓白的铁盒子只有晓白能打开，这是有意义的。但我为什么要和快递员端到端加密呢？

原来，苹果的端到端加密并不是传统意义上的加密。苹果的 AI 计算服务器集群中，每个芯片都是一个独立的计算体系，具备硬件级的加密功能。假设有一百万台服务器，我提的问题发出去之后，会被完全打乱掉，端到端加密地发给这一百万台机器中的任意一台。这就相当于，我跟晓白之间有一百万位快递员，每位快递员也有自己的钥匙和铁盒，我每次发快递，都会随机选择其中一位——这就是"去中心化"。

为了进一步保障隐私，苹果还让这些服务器只保留几秒的记忆，回答生成完毕之后，用户发来的消息就会直接从服务器上删掉，完全不保留。

不止如此，实际上这个过程内部还有很多复杂的隐私保障设计，比如为了增强安全性专门优化过的操作系统、各种权限设计，等等。黑客如果想要捕捉到我发给 AI 模型的消息，就得在服务器保留信息的几秒钟内，同时破解这一百万台带有重重关卡的服务器，在我的消息被删除之前，拦截并且破译所有发送到这些服务器的消息。在发动如此大规模的一轮攻击的同时，还要防止被苹果发现。可以说，没有任何实际操作上的可能性了。

在这套去中心化的加密体系里面，一个很关键的因素就是芯片。2023 年，苹果发布过一款称为 M2 Ultra 的芯片，并且曾经提到，当时的所有 AI 计算服务器用的都是自己家的这款芯片。在 M2 Ultra 发布后的不久，我就分享过这张最高能装下 192 GB 统一内存的处理器的恐怖之处：光凭单张芯片就能运行整个大语言模型。在当时，我一方面觉得这东西猛，另一方面也特好奇苹果搞这么个"怪东西"是在干什么。等到 Apple 智能发布，我终于明白了，它是要在 AI 发展史上抢一块历史定位的：每张 M2 Ultra 都是一个独立、完整的计算体系，从 CPU、GPU 到统一内存一应俱全，甚至还自带硬件级的加密芯片，通俗地说，每张 M2 Ultra 都是一位专业的 AI 客服。如果有一百万张 M2 Ultra 芯片，就能构建由一百万个 AI 处理单元组成的庞大计算集群，实现前文所述的一百万台服务器架构。

　　而想要支撑起这个体系，既需要足够多的 M2 Ultra 芯片，又要防止产能过剩。但在库克接任苹果 CEO 十几年后的今天，这可能是最不用担心的一个问题。在 M2 Ultra 发布前，苹果的 M1 Ultra 就采用了一种"套娃"设计，把三款芯片套在了一起：强大的 M1 Ultra 可以切成稍微弱一些的 M1 Max，M1 Max 里面又藏着再弱一些的 M1 Pro。这样，就避免了某款芯片过剩导致产品库存积压的问题。M2 Ultra 发布后，可以直接用于 AI 云计算服务器，所有手机、电脑等消费级产品消化不了的芯片产能，未来都可以源源不断地拉到服务器机房。网络上常用库克的名字调侃，称他为"库存克星"，在这样的"暴力美学"下，我认为这个称号名副其实。

　　在这个规模扩增的过程中，苹果芯片低功耗的独特优势也会被进一步放大。当年我看到 M2 Ultra 把计算功耗从前代的几百瓦降到几十瓦，就觉得挺厉害的，如果扩到几百万台设备的规模，光节省的电力开销就是一个极大的数字。另外，苹果不光同时拥有消费端产品的软件团队和硬件团队，连芯片也在自己手里，都是一家人，几个团队"一拍即合"，性能就上去了，打的就是个富裕仗。从目前苹果放出来的论文中可以看到，模型加载速度提了几十倍，但还有没放出来的，肯定不止这些。

　　在抛出自己的 AI 产品之前，苹果已经通过自己的芯片重新定义了整个 AI 云计算架构。这家公司在资本市场的表现，它的底层逻辑，实际上很大一部分也是基于此。

总结一下，苹果用 M2 Ultra 独特的单芯片大模型方案实现去中心化，既解决掉了安全这个最大的挑战，又有低功耗、软硬一体容易优化这些优势。现在再回过头去看，私有云计算这个名字就很容易理解了：用户提的每个问题都是随机选一位"私有"的 AI 客服来解答，AI 客服的数量越多，单条信息就越难被定位，安全性就越高。云端大模型需要明文信息的这个隐私难题就这样被解决掉了。

生态建设：三支箭的传奇

凭借强大的 M2 Ultra 芯片，苹果能够率先构建用户可信赖的 AI 服务体系，在这一领域领先于竞争对手。然而，搭好台子后，苹果面临的新问题是如何吸引第三方应用厂商加入其生态。我们常常讨论，即便苹果的 AI 再出色，如果第三方 App 不配合，那 Apple 智能也不过是个"光杆司令"。为什么那些大 App 要割让自己的利益，把数据和功能交给苹果呢？

对此，鲍勃·博彻斯介绍了 Apple 智能与第三方应用交互的机制：AppEntity 和 AppIntent。这两个机制允许应用厂商分享数据和功能。这让我想起当年 iPhone 引领移动生态时，各大网站争相加入的情景。苹果主导自身生态的策略几乎从不动摇，从禁止 Flash 到停止 32 位程序，再到由 x86 向 ARM 的转换，苹果总能推行下去。为什么？我认为，这是因为苹果的策略是经过深思熟虑的。

苹果的战略可以总结为三支箭。第一支箭是独特的产品和体验，比如 ARM 转型中的 M1 芯片，技惊四座。第二支箭是开发配套，苹果通过 Xcode 牢牢掌控开发工具，确保开发者的后勤保障，并降低使用门槛，吸纳新鲜力量。第三支箭是为老用户提供缓冲期，比如 ARM 转型中的 Rosetta 转译技术，确保用户平稳过渡。这三支箭背后是巨大的工作量。在准备充分后出手，就能确保新生态快速推进。

三支箭齐发，往往意味着新生态的快速推进。对于大型应用程序开发商而言，及时融入苹果生态系统是战略性选择，否则可能面临市场份额被蚕食的风险。随着本地模型和端到端加密的 AI 机器人逐渐成熟，用户将体验到全新的交互方式。

当然，新的 AI 生态也面临技术风险。比如，私有云计算会不会导致响应延迟，AI 在不同 App 间的切换是否流畅，以及本地模型对手机性能和续航的影响，都是需要关注的问题。

与此同时，安卓阵营在 AI 生态建设上面临挑战。如何协调 AI 接口、构建服务集群、分配资源等问题，都是需要解决的。而鸿蒙作为新秀，虽然令人期待，但在硬件上仍有很长的路要走。

AI 伙伴梦：从工具到挚友

看过了 Apple 智能背后的思路，了解苹果发展史的朋友或许会和我一样感慨万千。苹果在 AI 大模型上的最新进展，不仅仅是为了弥补当年 iPhone 4S 的遗憾，甚至可以说，Apple 智能本来就是这家公司的初心。

如果把苹果这么多年干的所有事凝成一个点，那就是人与机器的交互。这家公司曾在乔布斯带领下，推动过两场意义非凡的交互革命。第一次是电脑的图形界面，让移动一个非常小的光标成了人类的基础技能。第二次则是手机的多点触控，让全世界都开始对着一块随身携带的玻璃屏幕点点点、刷刷刷。

　　然而，鲜为人知的是，乔布斯心中设想的人机交互突破其实应该有三场。早在 1984 年的一次采访中，刚发布初代麦金塔电脑的乔布斯就提到，未来的电脑需要从"工具"转变为"伙伴"。他设想的电脑不应只是被动地执行命令，而是像一个装在铁盒子里的小人，主动问你问题，记住你的重要信息，像好朋友那样猜你会需要什么，帮你找东西，带着你在复杂的信息世界里冲浪。

　　尽管乔布斯对未来有着浪漫的愿景，但他对实现这一目标的技术挑战也保持着清醒的认识。在 1983 年的一场小众科技论坛上，他就讲到了人类语言的复杂性。他说当时热炒的电脑语音技术，只是能让机器和人交流的一小步，真正的挑战是理解语言本身，理解词语在不同上下文语境下的准确含义。当时的乔布斯预测，这件事可能需要至少十年才能实现。

　　在随后发布的麦金塔电脑上，我们看到的是一种妥协后的浪漫。虽然乔布斯迫不及待地让这台电脑自己讲话，做了段自我介绍，但这段略带幽默的发言依然是由人类提前准备好的稿子。在那时，机器仍然只是个"工具"，离成为乔布斯设想的"伙伴"还有很长的路要走。

事实上，这条路比他预期的还要漫长，直到 27 年后才见到曙光。

2010 年 2 月，一款名为 Siri 的语音助手 App 上架苹果应用商店。这个名字由创始人之一——来自挪威的达格·基特劳斯（Dag Kittlaus）提出，意为"引领你走向胜利的美丽女子"。Siri 上架仅两周，基特劳斯就接到了一个电话，对方自称史蒂夫·乔布斯。在采访中，基特劳斯回忆道，乔布斯几乎连续 37 天给他打电话。最终，苹果以约两亿美元的价格收购了 Siri。

Siri 一开始主打的是语音搜索，那时候正是苹果和谷歌就 iOS 和安卓争得不可开交的时候，所以外界也都在往这方面猜。在乔布斯最后一次参加的公开论坛上，主持人也问到了这个事情。乔布斯就讲了两点：第一，Siri 背后的公司做的不是搜索，而是 AI；第二，我们非常喜欢他们在做的事。这时候另一位主持人问了一个非常好的问题：你想让他们为苹果做的是什么呢？结果特别遗憾，这个话题被岔开了。

那这个问题的答案到底是什么呢？从 Apple 智能的表现看，我们可以推测，乔布斯真正想为这个世界带来的，想让我们每个人拥有的，一直都不是一个工具，而是那个伙伴。

在 AI 狂潮中坚守本心

从初代麦金塔电脑的讲话到 Apple 智能，从乔布斯到库克，我们看到苹果对隐私的偏执，对第三方软件近乎霸道的控制，这些都正是因为苹果的愿景从来都不是工具，而是伙伴。到了 2024 年，这位伙伴终于来到了这个世界。

这或许就是苹果最动人的生存哲学：它从不为追赶风口而奔跑，而是像初代麦金塔团队那般偏执。当世人嘲笑 Siri 的笨拙时，它在等待算力与算法的奇点；当整个行业追逐大模型的参数量时，它在为每个用户的隐私筑起高墙；当资本市场为 AI 概念狂欢时，它默默将 M2 Ultra 芯片铸成守护秘密的钥匙。

说到这里，我突然想起苹果的"非同凡想"广告语："致疯狂的人、不合时宜的人、叛逆者与麻烦制造者……他们推动人类向前迈进。"如何在 AI 时代找到自己的立足之地？也许努力创造让人类更完整的生活方式是其中一个答案。想要不被取代，就要永远站在人文与科技的十字路口，等待下一个让世界惊叹的黎明。

## 第 10 章

AI 竞技场与 AI#DEA 大赛:

当浪潮拍打现实

神奇 AI 在哪里……

深夜的城市里，无数代码正在赛博空间里奔腾。当你对着手机说出"帮我写个年终总结"时，屏幕另一端可能有数十个 AI 系统在同步运转。GPT-4、Gemini、Claude、DeepSeek……这些名字如同数字时代的奥林匹斯众神，在云端算力的支持下展开无声的较量。但在这场看不见硝烟的战争中，我们不禁要问：当技术狂飙突进时，普通人的真实体验究竟被置于何处？

2024 年夏，我们决定揭开技术包装的华丽外衣。与其被厂商的营销话术左右，不如构建属于用户的试炼场——在这里，没有预设的考题，没有注水的分数，有的只是千万次真实对话中的灵光乍现。就像奥林匹克竞技场，让每个 AI 模型褪去光环，在用户最朴素的"这个回答更好用"的评判中，见证真正的智慧闪光。

在本章，我们会走进 AI 评测的幕后战场，揭秘那些令人啼笑皆非的"考试作弊"奇闻；我们将搭建属于中文世界的 AI 竞技场，让技术回归服务本质；我们更将拓展视野，观察普通人如何借助 AI 在游戏、社交、教育领域点亮灵感。

准备好了吗？这不仅是技术的进化史，更是一场属于每个使用者的认知觉醒。

大模型争霸赛：谁能笑到最后

谁才是最强大模型？ OpenAI 于 2022 年末发布的 ChatGPT 引

发广泛关注之后，就注定会成为其他"后浪"的标杆。这几年，各种大模型如雨后春笋般涌现，每家都声称自己能超越 OpenAI。今天这家说自己的模型达到了 GPT-4 97% 的能力，明天那家说已经超越了 GPT-4。那么，在这么多"最强"的包围下，谁才是那个最好用的大模型呢？为了搞清楚这个问题，我们决定让真实的用户给出答案。

2024 年 7 月，我们搭建了一个大模型竞技场，免费开放给大家使用，希望能借助大家的力量，做一个更适合我们的独立、自主、第三方的大模型排行榜。当时的竞技结果是，GPT-4 Turbo 意外跌落神坛，而小规模的 Gemini 1.5 Flash 反而表现得更为出色。

有 AI 考试，就有 AI 作弊

在介绍竞技场之前，我们先来看看此前测试大模型方法的不足之处。

目前业内想摸清大模型的能力水平，主要就是去进行一个又一个的基准测试。每个基准测试类似于标准化考试，准备一套试题让模型作答，科目涵盖百科常识、代码生成、角色扮演各种门类，然后再根据模型的综合得分来决定它们的名次。

理论上，分数越高代表能力越强。然而，这种测试方法的可靠性值得质疑。它最大的问题就是太容易作弊了。这就不得不提机器学习领域的一个争议性问题——"面向测试集训练"。简言之，这是指将测试题提前纳入大模型的训练数据中，使模型能够记忆答案，从而获得不真实的高分。

以 2023 年备受关注的中文大模型榜单 C-Eval 为例，该榜单凭借精心设计的测试集迅速获得广泛认可，考查的范围上到天文地理，下到各类专业考试，无所不包，被誉为"史上最难中文大模型考试"，连 GPT-4 参与测试，也难以获得 70 分以上的成绩。

然而，C-Eval 榜单随后迅速成为"刷分"现象的典型案例。后来加入竞争的大模型团队为争夺榜首位置，采用各种策略，实质上将 C-Eval 测试转变为"开卷考试"。到 2023 年 10 月，在其他榜单上表现优异的 GPT-4 在 C-Eval 评测中竟然跌出前十名。随后，业界对 C-Eval 排名的关注度明显下降，因为不采取特殊策略的模型几乎没有机会获得高排名。

更严重的问题是，如果让大模型记忆过多的测试题目，反而可能导致模型丧失对其他知识的泛化能力，这正是我们在第 3 章讨论过的过拟合问题。有研究者为了证明这种现象的荒谬，特意用测试题训练了一个仅有 100 万参数的小型语言模型，该模型竟然获得了满分成绩。

因此，在大模型领域，评分的可靠性日益受到质疑。高分模型不一定能提供良好用户体验，这一观点已成为业内共识。实际应用场景复杂多变，难以用标准答案衡量。对用户而言，能灵活应变的实用模型比仅在测试中表现出色的模型更具价值。

Arena 的诞生

2023 年，大模型系统组织（Large Model Systems Organization，简称 LMSYS Org）提出了 Chatbot Arena（即"聊天机器人竞技场"）项目。初次了解该项目时，我就对其设计思路产生了深刻印象。它不靠固定死板的测试集，而是引入了埃洛等级分系统（也称作 Elo 机制）。在网络游戏中，这个机制常常用来为玩家匹配旗鼓相当的对手，但在这个竞技场中，则用于让能力相近的模型去比拼。

在这个竞技场中，人类成为了模型优劣的评判者。具体流程是：用户提出问题，两个大模型同时作答，然后由用户选择表现更佳的回答。这种"人类出题、人类评分"的机制不仅使测试内容更加灵活多样，还使评判标准更贴近实际使用体验。因此，该竞技场迅速成为业内被引用最多的大模型评测榜单之一，长期以来一直是选择模型的重要依据。

然而，我们团队在分析 Chatbot Arena 项目后，发现其仍有多处可改进之处，因此决定开发自己的评测体系。

首先，原项目仅提供单一综合评分，而实际应用场景是更加多样化的。 例如，用户无法从 Chatbot Arena 的排行榜上判断哪个模型在代码生成方面表现最佳，因为其展示的仅是综合了代码编写、邮件撰写、对话能力等多种维度后的总分。看不到各科的分数，也就不知道大模型是否"偏科"。

其次，Chatbot Arena 项目缺乏本土化特性。 该平台的评测者主要为国外用户，因此评分主要反映的是模型的英文能力。甚至有的排名很靠前的模型可能根本就不支持中文。例如，技术先进、英文能力优异、拥有 700 亿参数的 Llama 3 大模型在 Chatbot Arena 评测中能与 GPT-4 相抗衡。然而，在中文对话测试中，原版 Llama 3 的表现欠佳，这主要是因为其训练数据中中文资源非常有限。

为解决这些问题，我们决定自主开发一个针对本土需求的大模型评测榜单，命名为"林哥的大模型野榜"。

本土排行榜的改进

针对 Chatbot Arena 项目的不足，我们的评测系统做了以下改进。

首先是评分标准的细化。 我们保留了 Chatbot Arena 项目的匹配对抗思路和 ELO 评分机制，同时对测试场景进行了更精细的分类。基于团队日常使用大模型工具的经验，以及参考业内专业测试团队的建议，我们确立了 6 个评价维度：思维启发、文本生成、角色扮演、知识推理、联网搜索和文档检索。为避免用户需要额外指定对话所属维度，我们开发了一个辅助 AI 系统，能够自动判断对话类型并归类至相应维度，然后计算相应评分。用户可以自由提问，我们的辅助 AI 系统会在后台自动统计各模型在不同维度下的表现。

其次，我们升级了防作弊功能，以减少数据操纵现象。 我们降低了简单、重复性高的问题在最终评分中的权重，因为此类问题难以体现模型的真实能力差异。此外，我们扩大了屏蔽词范围。传统大模型竞技场的安全规则通常规定：一旦模型在对话中泄露自身名称，该测试结果即被取消。这种措施虽有效但不够全面，因为模型可能通过透露如其开发者是谁等其他信息间接暴露自身身份。厂商可能通过这种方式规避安全限制，人为提高评分。针对此问题，我们采用更严格的监控机制，为每个模型建立专门的屏蔽词库，包含模型所属公司、创始人等相关信息。当模型在测试过程中泄露词库中的内容时，该测试结果将被忽略。此词库支持实时更新，系统后台记录所有对话日志，一旦发现新的规避方式，我们可以迅速更新词库并清除相关异常数据。

总之，我们希望这个新型评测方案能更好地服务于实际应用需求，确保评测的公平性和实用性。

我们的主页如图 10-1 所示，分为三个主要模块：大模型评测入口（竞技场）、大模型产品总分榜单（全部排名）以及我们独家制作的大模型单科排名（维度排名）。

图 10-1 "林哥的大模型野榜"主页

用户若想参与大模型对抗赛，只需登录网站，输入问题，即可开启模型竞技场，获取两个不同模型的回答结果。在两边的大模型回答完问题后，用户可以根据自己的感受在选项中投票（如图10-2所示）。若对两个模型的回答均不满意，用户也可以双双给出差评。只有当用户投完票后，两个模型的真实身份才会揭晓，确保裁判的公正性。

图 10-2　大模型对抗赛界面

用户若想通过榜单选择适合的产品，可在首页纵向浏览。除总分外，系统还基于 6 个维度提供单项评分，类似于展示大模型在各个"学科"上的具体表现。例如，用户需要撰写文章时，可直接参考"文本生成"榜单，选择该维度表现最佳的模型，避免烦琐的多方比较。

除了排名信息，点击产品名还能看到详细介绍，包括支持哪些模型、具备什么功能、价格等信息，还可以一键跳转到产品官网，进一步了解。这种设计为用户提供了完整的使用路径，使其能在特定应用场景中快速找到最适合的模型工具。

项目初步搭建已经完成，但正如大模型在不断发展，这种横向评测体系仍有很大的改进空间。毕竟，横评需要足够多的测试数据。不过，在内测期间，我们也发现了很多有趣的事情。

截至 2024 年 7 月项目发布时，GPT-4 Turbo 在榜单中的表现不甚理想，几乎在各个评测维度均排名靠后。令人意外的是，多个小规模模型却表现出色。例如，Gemini 1.5 Flash 在多个维度上的表现均优于参数量更大的 Gemini Pro。对此现象的分析表明，可能是响应时间导致的差异：Gemini Pro 版虽然能力更强，但回答速度较慢，可能在测试过程中被视为反应迟缓，从而影响评分。

另外，各家大模型支持检索增强生成（retrieval-augmented generation，RAG）的策略不同，对于联网搜索，部分厂商不开放接口，我们不便强行调用。这样的结果是，6 个测试维度中，只有 4 个是用户实际测试得到的结果，文档搜索和联网搜索由我们团队内部测试完成。我们希望未来有机会将这两部分纳入测试，如果厂商愿意开放接口，那就更好了。

最后，欢迎对大模型评测感兴趣的读者搜索"林哥的大模型野榜"访问我们的网站。该平台既可作为免费使用大模型的渠道，也可作为大模型工具的信息咨询平台。无论用于科研、娱乐还是实用工具选择，大模型野榜都能提供适合的模型推荐。

从线上到线下：我们举办了 AI#DEA 大赛

"林哥的大模型野榜"仅仅是个开始。真正激动人心的，并不是某一个单一应用的成功，而是整个生态系统的蓬勃发展——我们需要更多这样充满创意的尝试，更多能够改变生活、激发想象的应用出现。因此，我们的目光不再局限于眼前的作品，而是投向更广阔的未来：我们想看到更多有趣的应用，在创新的沃土上生根发芽。

2024 年 8 月，我们举办了一场比赛，让频道的观众展示他们开发的 AI 项目，结果真是让人大开眼界。平时我总是夸赞我们的视频观众是高智商群体，这次他们的才华真是藏不住了，个个都身怀绝技。

本节将介绍这场成果丰硕的 AI#DEA 人工智能创新应用大赛。

本次比赛竞技性不强，更侧重于交流与分享。比赛的初衷是探索解决行业实际问题的创新方案。AI 已经火了一段时间，但我们的日常生活似乎并没有发生重大变化，所以我想把我们这些卧虎藏龙的观众聚集起来，看看能否为行业带来一些启发。恰逢深圳市人才工作相关部门的领导们对此类活动高度重视，给予了大力支持。同时，我们还邀请了长期在深圳举办 Game Jam 独立游戏开发大赛的合作伙伴共同筹办，活动由此正式启动。

本次比赛的主题只有一个字：乐。这个主题的出发点是鼓励参赛者不必过分考虑学术价值和商业价值，而是基于兴趣将创意实现。评选方式也很松弛，就是参赛选手互相投票。为了增加趣味性，我们还设置了一个机制，投中一等奖的人可以获得小礼品。就这样一路娱乐加休闲，结果还真发掘出了不少靠谱的作品。

　　大家投票选出的一个二等奖作品是**体感同步器**。这个项目的开发者也是 up 主，2023 年就已经在哔哩哔哩发布了相关视频。这次线下演示中，他们用的游戏是《原神》，可以将用户的身体姿势同步到游戏中，控制游戏角色（如图 10-3 所示）。你跳，角色也跳；你踏步，角色就往前跑，甚至可以控制攻击、换人、发大招等动作。这个项目的原理是用计算机视觉算法识别人体姿势，然后将不同的姿势对应到不同的控制器指令。这个思路不仅适用于某款特定的游戏，其他游戏也可以用。开发者告诉我，很多用户用它来玩赛车游戏，一边踏步一边让车在路上开，欣赏风景。我觉得这就是把 AI 算法用得很好的例子，把各种游戏都变成了体感游戏。今天风景做得好的游戏那么多，如果再和跑步机结合，那不就可以在各种奇幻优美的世界里锻炼了吗？

图 10-3　通过摄像头捕捉动作，操作游戏角色

除了这个让人进入游戏跑跑跳跳的项目，还有一个创意上特别出彩的项目。它的出彩不在于好玩，而是有一层哲学思辨在里面：让 AI 帮助人和人互相认识。这个项目拿了这次的三等奖，名字叫 **BLUR**（如图 10-4 所示）。他们没有明确说明这个名字的含义，但英文单词 blur 的意思是模糊，我确实觉得"模糊"这个词很能高度概括他们干的事：BLUR 是个约会软件，但不同于传统的约会软件，BLUR 有 AI 这样一个中间层，把信息模糊了一下，以每个用户的口吻分享用户允许分享的那部分信息。

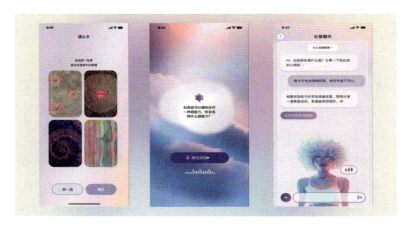

图 10-4　BLUR 产品界面

　　在 BLUR 中，用户甲不会直接跟另一个用户乙聊天，而是先和用户乙的 AI 分身聊天。同样，如果有人匹配到用户甲，也是先和用户甲的 AI 分身聊天。如果跟 AI 分身聊天后觉得有进一步接触的需要，再来跟本人聊天。

具体怎么匹配用户呢？对于每位用户，这个软件每天会用包含三张卡片的测试来大致了解，在此基础上，再根据用户和其他 AI 分身聊天时表现出来的那些特质——用户大部分的性格分析不是通过测试实现的。只需用户正常使用 BLUR，它在幕后就把性格分析这事搞定了。在搞清楚每个用户的性格之后，再去为他匹配最合适的人。

　　这样做的好处是匹配得更精确，同时又没有很烦琐：用户聊得多的话，结果可能比网上那些测试题还准。不仅如此，AI 分身的中间层还保证了在不打扰真人的情况下大致了解对方，双方都没有压力。

　　让 AI 来了解一个人，用抽离的视角来更轻松地互相筛选，让 AI 来当人与人之间的桥梁，这种哲学思辨是真的把 AI 玩明白了。不仅是约会，类似的原理还可以从人群里把能和我志趣相投的人筛出来，高效交友，甚至用来找工作，前途一片光明。

　　在教育、开发工具以及社会研究中，也涌现出了一些创新应用。

　　CodeWave（如图 10-5 所示）是一个代码编辑器，它的特别之处在于内置了一个有些暴躁的 AI 助手，专门用来锐评用户写出的代码。这个 AI 助手不仅能实时发现代码中的错误，还会在用户停滞不前时，激励他继续前进。对于那些想要提升编程技能的人来说，这种互动方式无疑是个新颖的选择。这种互动方式虽然可能会导致用户在工作中有点分心，但在他们学习新编程语言时，却能激发斗志。毕竟，谁不想证明自己的代码是无懈可击的呢？

图 10-5　CodeWave 项目的演示场景

Guii.AI（如图 10-6 所示）是一款自动化前端开发工具。它的神奇之处在于，只需简单地选择文字或按钮，然后告诉 AI 想要的效果，它就能立刻为用户实现。即便用户对前端开发一窍不通，也能在 Guii.AI 的帮助下，快速开发出一个前端项目。这个项目不仅让网页开发变得简单直观，还让我们这些曾经的编程小白也能自信满满地参与其中。

图 10-6　Guii.AI 设计的 AI#DEA 大赛主页

Thinkverse 团队的 **AI 教学系统**（如图 10-7 所示）已经在美国多所学校和一所监狱成功落地。AI 助教不仅能回答学生的问题，还能引导他们独立思考，解决问题。想象一下，在监狱中，服刑人员通过这套系统学习，准备考取高中文凭，这种场景堪比《肖申克的救赎》。

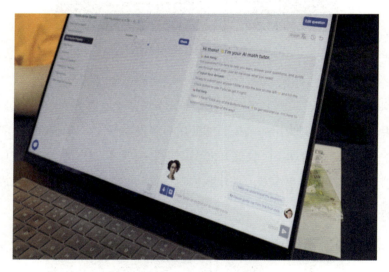

图 10-7　AI 教学系统

当然，AI 的应用远不止于此。还有一个名为"**秒速 5 毫米**"的项目，可通过手机摄像头快速提取说明书信息，让不太懂手机操作的老年人也能轻松使用。而"**熊猫王**"项目则专注于将照片转换为熊猫头表情包，虽然技术门槛不高，但创意十足，深受大家喜爱。

最后，我们不得不提到一个利用 AI 进行**社会学研究**的项目。这个项目利用 AI 语义理解算法，分析热门话题下的社会群体聚类。通过爬取大量评论，AI 能够快速处理数据，生成复杂的统计图表，帮助研究者分析网络社区的动态。这种方法不仅提高了研究效率，让没有技术背景的人也能轻松进行社会学研究，还能避免传统田野调查中的种种不便。

> 总的来说，AI 的普及降低了技术门槛，为各领域的创新者提供了无限可能。无论是编程、开发工具，还是社会研究，AI 都在以其独特的方式改变着我们的世界。希望大家能多多利用 AI 工具，激发自己的创意，看看 AI 能为你带来怎样的惊喜。

在技术与人性的交汇处起舞

当创新大赛的聚光灯缓缓熄灭，我们对 AI 发展有了更深层次的理解：那些由复杂参数构建的"智能系统"，最终需要在满足人类真实需求的过程中展现其真正价值。GPT-4 的预期外表现，Gemini 1.5 Flash 的突出成绩，BLUR 中 AI 构建的社交网络，CodeWave 中 AI 助手的精准反馈……这些看似独立的案例，共同描绘出技术发展的新方向。

在这场人与机器的共舞中，我们收获的不仅是评测榜单上的排名变化，更是对技术本质的深刻领悟：最好的 AI 不是考场上的满分状元，而是能陪你攻克代码难题的战友，是让老年父母轻松操作手机的温暖护工，是把枯燥的工作变成奇幻冒险的魔法师。经历过这些，我们终于触摸到了人机协同最动人的模样——技术不再是悬浮的云朵，而是扎根于生活土壤的常青藤。

站在 2024 年的技术奇点上回望，在竞技场较劲的模型、在创新大赛迸发的灵感，都在诉说着同一个真理：AI 的终极考场，永远在街头巷尾的真实生活里。下次当你与 AI 对话时，不妨多一分审视，多一分想象——因为每一次点击，都可能正在塑造未来的智能图景。或许在这个 AI 时代，我们终将通过理解机器，抵达更深邃的人性彼岸。